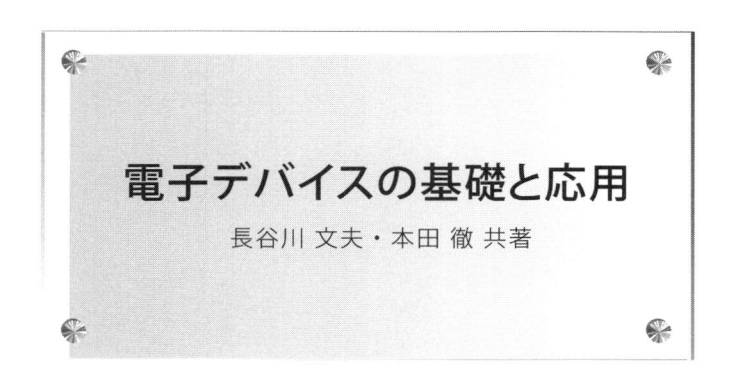

電子デバイスの基礎と応用

長谷川 文夫・本田 徹 共著

産業図書

まえがき

　世は情報化社会と言われて，カメラでさえ CCD イメージ・センサで撮影して，USB メモリに記録させるのが一般的である．大学の電気，電子，情報通信系学科で学んだら，せめて CCD イメージ・センサや USB メモリがどんな原理で動作しているのか理解して置いて貰いたいものである．

　しかし，USB メモリを理解するためには MOSFET を理解しなければならず，その為には半導体を勉強しないといけない．半導体と言うとたいてい難しい固体物理や量子力学をやらないとダメだと思われがちである．しかし，そんなことはありません．固体物理や量子力学を知らなくても充分理解できます．大学で量子力学を習ったのに，未だに充分理解できていない著者が言うのですから間違いありません．

　本書では，そのような難しい固体物理は敬遠したいという学生にも，量子力学など習ったことのない学生にも，半導体や pn 接合，トランジスタ（MOSFET もトランジスタの 1 種）が充分理解できるように説明したつもりです（基礎 2 単位分）．更に電気系学科を卒業したら，常識として知って置いて欲しい身近なメモリ，DVD，液晶ディスプレイ，最近急速に普及が進んでいる白色 LED，半導体レーザまで（応用 2 単位）その動作の概略を分かり易く説明しています．

　特に，後半は電気や情報の学生で，電子デバイスの概論だけ 2 単位で学ぶ学生にとっても，工学系学生が常識として自分で学ぶことができるように簡単に書いたつもりです．まずは手に取って読んでみて下さい．

　本書は，筆者が筑波大学で 15 年間，工学院大学の電子工学科，情報通信工学科で合計 7 年間講義をした経験を基にまとめたものである．授業中の質問に対する答え，試験結果，アンケートと言う形でフィードバックして戴いた学生諸君，およびこう言う授業の機会を与えて下さった関係者の皆様方に深く感謝申し上げます．

なお，筆者が90分授業で行ったスケジュールを目次に示した。授業の参考にして載ければ幸いです。

2011年7月

著者代表　　長谷川文夫

目　次

まえがき

第 1 部　電子基礎デバイス

第 1 章　情報・通信と電子デバイス ……………………… 3 （第 1 週）
  1.1　信号の伝達と記録 …………………………………… 3
  1.2　アナログとデジタル ………………………………… 5
  1.3　信号の増幅とトランジスタ ………………………… 6
  練習問題 …………………………………………………… 10

第 2 章　固体のエネルギーバンドと電子の分布 ……… 11 （第 2 週）
  2.1　固体の中のエネルギーバンド ……………………… 11
    2.1.1　周期表と元素の周りの電子 …………………… 12
    2.1.2　定性的なエネルギーバンドの説明 …………… 13
    2.1.3　量子力学的に求められるエネルギーバンド … 15
  2.2　金属，半導体，絶縁物のエネルギーバンド構造の違い … 19 （第 3 週）
  2.3　真性半導体と n 形半導体，p 形半導体 …………… 22
    2.3.1　真性半導体 ……………………………………… 22
    2.3.2　n 形半導体 ……………………………………… 23
    2.3.3　p 形半導体 ……………………………………… 24
  2.4　電子，正孔の分布と密度 …………………………… 25 （第 4 週）
    2.4.1　フェルミ・ディラックの分布関数 …………… 25
    2.4.2　真性半導体のキャリア密度 …………………… 27
    2.4.3　n 形および p 形半導体のキャリア密度と
　　　　　 フェルミ準位 …………………………………… 28

練習問題 ……………………………………………………… 31

第3章　半導体中での電子，正孔の流れと生成，再結合 …………… 33（第5週）
3.1　キャリア（電子，正孔）のドリフトと移動度 ……………… 33
3.1.1　ドリフト速度と移動度 …………………………… 33
3.1.2　半導体の電気伝導率 …………………………… 35
3.1.3　半導体中のキャリア密度の測定法 ……………… 36
3.2　拡散によるキャリア（電子，正孔）の流れ ……………… 36
3.3　キャリア連続の式 …………………………………… 37
練習問題 ……………………………………………………… 39

第4章　pn接合とショットキー接合 ……………………………… 41（第6週）
4.1　pn接合，ショットキー接合 …………………………… 42
4.1.1　エネルギーバンド図と空間電荷 ………………… 42
4.1.2　空乏層領域（空間電荷領域）の解析 …………… 45
4.1.3　空乏層幅と空乏層容量 ………………………… 47
4.2　ダイオードの電流-電圧特性 ………………………… 49（第7週）
4.2.1　少数キャリアの分布 …………………………… 51
4.2.2　電流-電圧特性 ………………………………… 54（第8週
　　　　　　　　　　　　　　　　　　　　　　　　　　＋中間試験）
練習問題 ……………………………………………………… 57

第5章　バイポーラ・トランジスタ ……………………………… 59（第9週）
5.1　バイポーラ・トランジスタの動作原理 ………………… 59
5.1.1　ベース領域の電子密度分布 …………………… 61
5.1.2　エミッタ効率，到達率，端子電流 ……………… 63
5.2　ベース接地，エミッタ接地 …………………………… 65（第10週）
5.2.1　ベース接地 ……………………………………… 65
5.2.2　エミッタ接地 …………………………………… 66
5.3　小信号動作としゃ断周波数 ………………………… 68
5.3.1　小信号動作 ……………………………………… 68

5.3.2　しゃ断周波数 ……………………………………… 69
　練習問題 …………………………………………………………… 73

第 6 章　MOSFET …………………………………………… 75　（第11週）
　6.1　MOS ダイオード ……………………………………………… 75
　　6.1.1　理想的 MOS ダイオードの動作 ……………………… 76
　　6.1.2　酸化膜・半導体界面のキャリア密度としきい値電圧 … 80　（第12週）
　　6.1.3　MOS ダイオードの容量-電圧（C-V）特性 …………… 86
　　6.1.4　理想的な MOS ダイオードからのずれ ……………… 88
　6.2　MOSFET ……………………………………………………… 90　（第13週）
　　6.2.1　基本動作 ………………………………………………… 90
　　6.2.2　伝達特性，伝達コンダクタンスとしゃ断周波数 ……… 95　（第14週）
　　6.2.3　種々の MOSFET ……………………………………… 97
　練習問題 …………………………………………………………… 102

第 2 部　電子応用デバイス
（第 1 週は電子基礎デバイスの復習）

第 7 章　電荷結合デバイスとイメージ・センサ ………… 107　（第 2 週）
　7.1　深い空乏状態（Deep Depletion）………………………… 107
　7.2　CCD の動作 ………………………………………………… 109
　　7.2.1　基本構造と動作原理 …………………………………… 109
　　7.2.2　実際の構造と動作 ……………………………………… 110
　7.3　撮像デバイス（イメージ・センサ：image sensor）……… 112　（第 3 週）
　　7.3.1　CCD イメージ・センサの構成 ………………………… 113
　　7.3.2　CMOS イメージ・センサ ……………………………… 116
　練習問題 …………………………………………………………… 119

第 8 章　メモリ，記録 ……………………………………… 121　（第 4 週）
　8.1　MOS メモリ（memory）…………………………………… 121
　　8.1.1　半導体メモリの構成 …………………………………… 121

8.1.2　DRAM（Dynamic Random Access Memory）……… 123
　　　8.1.3　SRAM（Static Random Access Memory）………… 124
　　　8.1.4　不揮発性メモリ ………………………………………… 126
　　8.2　磁気および光記録 ………………………………………………… 129（第 5 週）
　　　8.2.1　磁気記録 ………………………………………………… 130
　　　8.2.2　光記録 …………………………………………………… 134
　　練習問題 ……………………………………………………………… 140

第 9 章　ディスプレイ ………………………………………………… 143（第 6 週）
　　9.1　ディスプレイの種類 ……………………………………………… 144
　　9.2　CRT（ブラウン管） ……………………………………………… 145
　　　9.2.1　偏向系 …………………………………………………… 146
　　　9.2.2　蛍光体と蛍光面 ………………………………………… 147
　　　9.2.3　テレビ用ブラウン管 …………………………………… 149
　　9.3　LCD（Liquid Crystal Display） ………………………………… 150（第 7 週）
　　　9.3.1　LCD の動作原理 ………………………………………… 150
　　　9.3.2　カラー TFT 液晶モジュールの構造 ………………… 151
　　　9.3.3　液晶とは ………………………………………………… 152
　　　9.3.4　分子と光の相互作用 …………………………………… 152
　　　9.3.5　液晶分子の動作モード ………………………………… 155
　　　9.3.6　カラー液晶パネルの構造と作り方 …………………… 156
　　9.4　PDP（Plasma Display Panel） ………………………………… 158（第 8 週）
　　　9.4.1　構造と動作原理 ………………………………………… 158
　　　9.4.2　ac 型 PDP の駆動原理 ………………………………… 159
　　9.5　有機 EL ……………………………………………………………… 161
　　　9.5.1　構造と動作原理 ………………………………………… 161
　　　9.5.2　有機 EL 材料の例 ……………………………………… 163
　　　9.5.3　有機 EL セルの構造と作り方 ………………………… 164
　　練習問題 ……………………………………………………………… 166

　　　　　　　　　　　　　　　　　（第 9 週は 11.1 の授業と中間試験）

第10章　Ⅲ-V族化合物半導体 ……………………………… 169（第10週）
　10.1　化合物半導体の特徴 ……………………………………… 169
　10.2　バンド構造と電気的特性 ………………………………… 172
　10.3　混晶半導体 ………………………………………………… 173
　　10.3.1　3元混晶半導体 ……………………………………… 174
　　10.3.2　4元混晶半導体 ……………………………………… 175
　10.4　ヘテロ接合と量子井戸 …………………………………… 175
　練習問題 …………………………………………………………… 177

第11章　通信用マイクロ波デバイス ……………………… 179
　11.1　マイクロ波の基礎技術 …………………………………… 179（第9週）
　　11.1.1　周波数帯域 …………………………………………… 179
　　11.1.2　dB（デシベル） ……………………………………… 181
　　11.1.3　特性インピーダンス ………………………………… 181
　11.2　ヘテロ接合バイポーラ・トランジスタ（HBT） ……… 183（第11週）
　　11.2.1　ベース抵抗と最大発振周波数 ……………………… 183
　　11.2.2　n-AlGaAs/p-GaAs/n-GaAs HBT …………………… 183
　　11.2.3　n-Si/p-Si$_{1-x}$Ge$_x$/n-Si HBT ……………………………… 185
　11.3　変調ドープFET（MODFET） …………………………… 185
　練習問題 …………………………………………………………… 188

第12章　光デバイス …………………………………………… 191（第12週）
　12.1　光吸収と発光遷移 ………………………………………… 192
　　12.1.1　光子と半導体の相互作用 …………………………… 192
　　12.1.2　透過，吸収と吸収係数 ……………………………… 193
　12.2　発光ダイオード（LED） ………………………………… 194
　　12.2.1　赤色LED ……………………………………………… 195
　　12.2.2　青色，緑色のLED …………………………………… 196
　　12.2.3　白色LED ……………………………………………… 197
　　12.2.4　赤外LED ……………………………………………… 198

12.3　レーザ・ダイオード（LD） ……………………… 198（第13週）
　　12.3.1　LED との違い ……………………………………… 198
　　12.3.2　レーザ発振を可能にする機構 …………………… 200
　　12.3.3　レーザ・ダイオードの例と特性 ………………… 201
12.4　光検出器 ……………………………………………… 202
12.5　太陽電池 ……………………………………………… 203
　　12.5.1　太陽光 ………………………………………………… 203
　　12.5.2　pn 接合太陽電池の原理 …………………………… 204
　　12.5.3　構造と変換効率 ……………………………………… 206
練習問題 ……………………………………………………… 208

第13章　集積回路：IC（Integrated Circuit） …………… 211（第14週）

13.1　IC の概念と特徴 …………………………………… 211
13.2　受動素子 ……………………………………………… 215
13.3　バイポーラ IC ……………………………………… 216
13.4　MOS IC ……………………………………………… 217
13.5　SOI-CMOS 技術 …………………………………… 218
13.6　集積化の限界 ………………………………………… 220
練習問題 ……………………………………………………… 222

付　録

1. 元素の周期表 ………………………………………………… 225
2. 原子の周りの電子 …………………………………………… 226
3. 単位の接頭辞 ………………………………………………… 227
4. 代表的ギリシャ語アルファベット ……………………… 227
5. 物理定数 ……………………………………………………… 227
6. 主要元素半導体および化合物半導体の 300K
　　における特性 ……………………………………………… 228
7. 300K における Si および GaAs の特性 ……………… 228

索　引 …………………………………………………………… 229

第1部　電子基礎デバイス

第1章

情報・通信と電子デバイス

　情報・通信では信号の変調，増幅，伝達，検出が必要で，その為には必ずダイオードやトランジスタなどの能動素子が必要である．ここでは，情報・通信システムのどんなところにどんな電子デバイスが使われているかを述べる．また，信号は必ず減衰する．この減衰した信号を増幅するのがトランジスタである．トランジスタでどうして信号の増幅が可能なのかを簡単に説明する．

1.1　信号の伝達と記録

　情報処理でも通信でも信号の伝達が必要である．最も身近な信号は音声であろう．まずは音楽をテープなどの記憶装置に録音し再生する場合，電話で友人と話す場合に，どんな電子デバイスが使われているか見てみよう．

(a)　オーディオの場合

　図 1.1 は皆さんの歌をテープやメモリに録音し，後で再生してみる場合のシステムである．

　マイクは通常コイルやコンデンサでできているから電子デバイスとは言えな

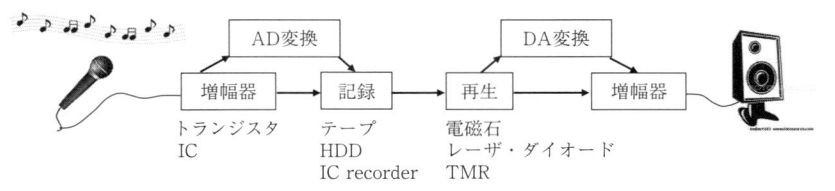

図 1.1　音声を記録，再生する場合の構成図．電子デバイスなしにはシステムは構成できない．

い．しかし，マイクで拾った信号は小さいので，記録するには電気信号を増幅する必要があり，その為にはトランジスタあるいはそれを集積化した **IC**（Integrated Circuit）が必要である．記録には昔はテープが使われたが，最近は **HDD**（Hard Disc Drive）や SD カードなどの不揮発性メモリが使われる．不揮発性メモリは FET（Field Effect Transistor）の一種であるから半導体デバイスであるが，HDD は電子デバイスと言えるかどうか微妙である．しかし，これらは記録装置として後半の「電子応用デバイス」で説明する．

テープの再生には電磁石が使われた．しかし同じ磁気記録の HDD の検出には，最近 **TMR**（Tunnel Magnet-Resistance）が使われており，これは電子のトンネル効果を使った，最新鋭の電子デバイスである．**CD**（Compact Disc），**DVD**（Digital Versatile Disc）の再生にはレーザ・ダイオードが必要であるが，これも後半の「電子応用デバイス」で学ぶ．

(b) 電話，データ電送の場合

電話で友人と話す場合は，友人の電話を呼び出すことが必要である．その為図 1.2 に示すように交換機が必要である．昔は機械的に電話回線を切り替えていたが，現在はこれも総て電子式（IC）になっている．電話では色々な人の声を集めて，1本の電話線（現在はほとんどが光ファイバー）で同時に何千人分もの声を一緒に送る．その為には人の声で搬送波（信号を載せる電波あるいは光）を変調し，多重化しなければならない．ここにも IC が不可欠である．変調には AM，FM，PCM などがあるが，これらの詳細については通信工学等で勉強されたい．

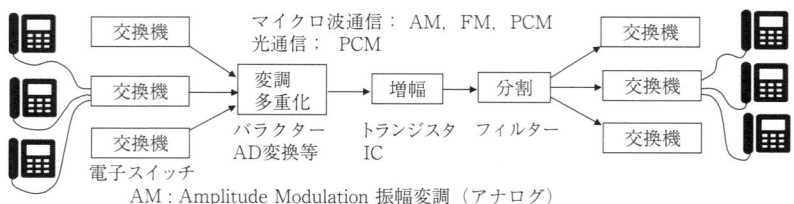

AM : Amplitude Modulation 振幅変調（アナログ）
FM : Frequency Modulation 周波数変調（アナログの一種）
PCM: Pulse Code Modulation パルス符号変調（デジタル信号）
―― 光通信，携帯電話，internetはすべてPCM

図 1.2 電話で話をする時の概略構成図．人間の声はアナログで，現在の記録（DVD，HDD），通信（PCM）はデジタルであるから，上記以外に AD，DA 変換用 IC が必要である．

1.2 アナログとデジタル

2011年からテレビも総てデジタルになり世はデジタルの時代である．しかし人の声を始め，音楽，絵画，一般物理現象もすべてアナログであるので，歴史的にはラジオ，テレビ，電話などほとんどがアナログ信号で送られていた（モールス信号だけはデジタルと言える）．

デジタル信号の利点は，雑音を完全に除去できるところである．アナログ信号の場合，図1.3 (a) に示すように，雑音が入ってしまう（雑音は必ず入る）とそれを完全に除去することは難しい．一方，デジタル信号は図1.3 (b) に示すように，0か1か，電圧が高いか低いか，あるかないかで区別しているので，雑音が入っても完全に除去することができる．

デジタル信号処理の代表はコンピュータで，信号は常に同じ大きさであるの

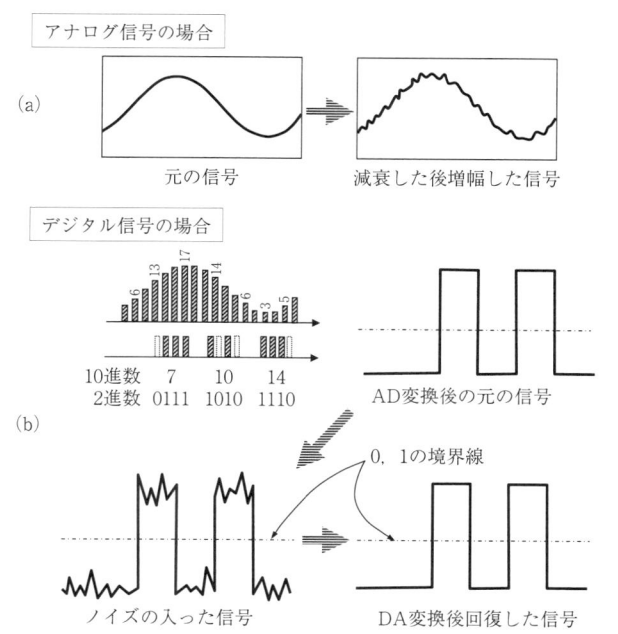

図1.3 アナログ信号 (a) とデジタル信号 (b)．デジタル信号では雑音が入っても完全に除去することができる．

で，増幅が行われていないように見えるが，実際にはインバータに使われているトランジスタで常に増幅が行われ，図 1.3 (b) に示すような雑音が入る前に，信号は飽和した状態で処理されている．

図 1.3 (a) のアナログ信号と図 1.3 (b) のデジタル信号を比べれば分かるように，デジタル信号の方が高い周波数成分を含んでいる．したがって，現在のデジタルの時代が可能になったのは，電子デバイスの進歩によって高い周波数まで動作する AD (Analog to Digital)，DA (Digital to Analog) 変換用 IC や信号処理用の IC が安く多量にできるようになったお陰であることを忘れてはいけない．

1.3 信号の増幅とトランジスタ

声が遠くに届かないように，総ての信号は減衰する．パソコン (Personal Computer の日本語略) の中の信号も上述のように常に増幅されている．信号を増幅するためには，電池や電源の直流電力を信号の電力 (交流電力あるいはパルス電圧×電流) に変える装置が必要である．これがトランジスタである．トランジスタには大きく分けて，最初に開発されたバイポーラ・トランジスタ (Bipolar Transistor；しばしば BiTr と略される――図 1.4) と現在の IC のほ

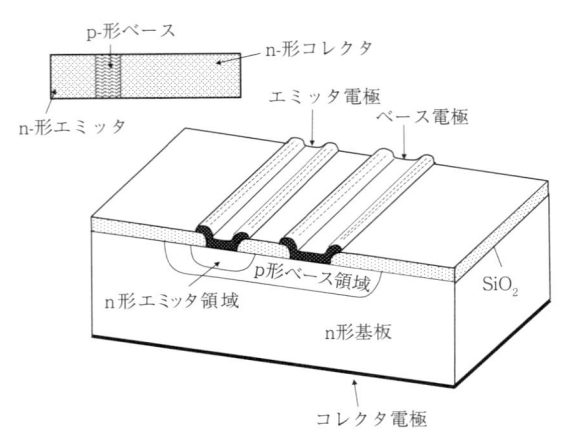

図 1.4 バイポーラ・トランジスタ (BiTr) のモデル図と実際の構造図．エミッタ，ベース，コレクタ端子の位置に注意．

とんどの基本素子である MOSFET（Metal Oxide Semiconductor Field Effect Transistor；金属・酸化物・半導体 電界効果トランジスタ——図1.5）がある．

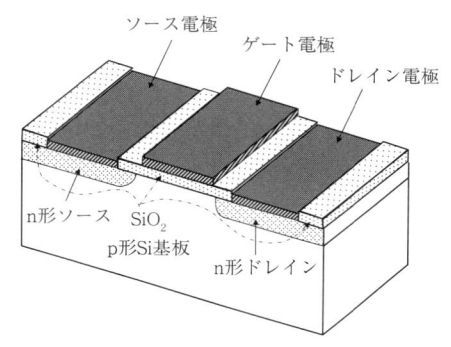

図1.5 MOSFET の構造図とソース，ゲート，ドレイン電極の位置．

トランジスタは1948年に米国のベル電話研究所で発見・発明された．図1.6 (a) に示すように抵抗値を第3電極で変化させることができる，即ち伝達抵抗 (Transfer Resistor) という意味から Transistor と命名されたと言われている．図1.6 (b) は抵抗値が第3電極で変化する様子を示しているが，実際の BiTr や MOSFET では図1.6 (c) に示すように電流が飽和している．前者はトラ

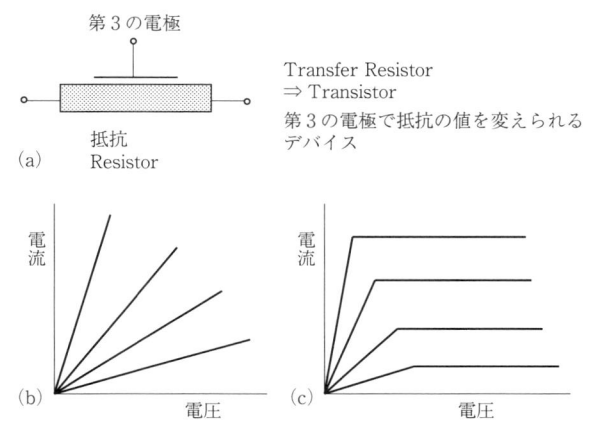

図1.6 トランジスタ発明の概念図．(a) 抵抗に第3の電極，(b) 3極管特性，(c) 5極管特性．

ンジスタが一般的になる前の，3極管と言われる電子管の特性に近く，後者は5極管の特性に近い．5極管特性の方が出力抵抗が高くなって，増幅回路としては使いやすくなる．

図1.4に示すように，BiTrでは抵抗の両端に相当する端子を，エミッタ，コレクタ，第3電極をベースと言う．MOSFETではこれらをソース，ドレイン，ゲートと言う．ベース，ゲートが信号の入る端子，第3電極に相当する．トランジスタの動作原理は，図1.7，図1.8に示すような，高さの異なった2つのダムの間を流れる水の制御で考えると理解し易い．エミッタから電子が注入されるn-p-n型BiTrでは図1.7(a)に示すように，ダムに流れ落ちる水量(電子の流れに相当)を堰(ベースに相当)の高さで制御すると考えると理解し易い．図1.7(b)は高校で学ぶBiTrのモデルであるが，エミッタの電子がベースに入ってくれば，ベースの正孔と結びつくはずで，ベースを乗り越えてコレクタに達する機構は理解できない．図1.7(c)は大学で学ぶBiTrのエネルギーバンド図である．エミッタから注入された電子はエネルギー的にベースの正孔

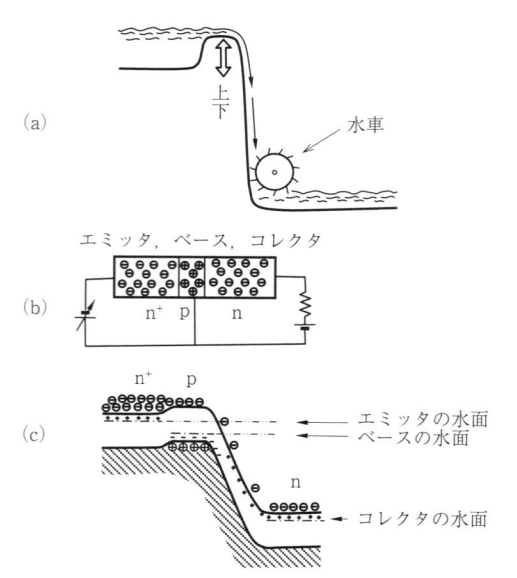

図1.7 (a) BiTrのダムによるモデル．水量は堰の高さによって制御される．これが信号の入力に相当する．(b) 高校で学ぶBiTrのモデル．
(c) 大学で学ぶBiTrのエネルギーバンド図．

と別な場所にあり，正孔と結合する前にコレクタに達することができる．

電子で動作する n- チャンネル MOSFET では，図 1.8 に示すように 2 端子（ソースとドレイン）間を流れる電子の流れ（電流）は，堰の高さではなく，水路の太さで制御されると考えるべきである．水路の太さは第 3 の電極（ゲート）に加える電圧により変える事ができる．図 1.8（a）——右列の一番上——の図は，ダムのモデルに対応させるために，図 1.5 の MOSFET を 90° 回転させたものである．ゲート（第 3 の電極）に加える電圧が小さい場合には，図 1.8（b）に示すように 2 つのダム（ソースとドレン）の間には水路（チャンネルと呼ばれる）はできない．ゲート（第 3 の電極）に加える電圧がある値を超えると，図 1.8（c）に示すように 2 つのダム（ソースとドレン）の間には水路（チャンネル）ができる．水路の太さはゲートに加える電圧に比例して

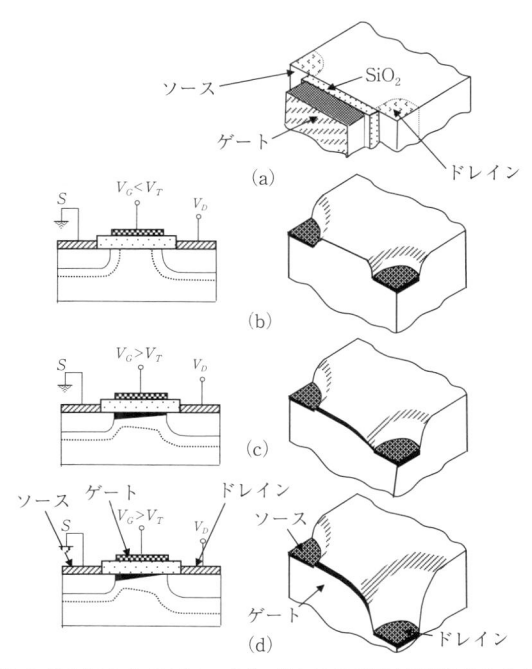

図 1.8 MOSFET のダムによるモデル．(a) ダムのモデルに対応させるため，図 1.5 を 90° 回転した図．(b) ゲートに充分大きな電圧が掛かっていない場合．(c) ゲートに充分大きな電圧が掛かっている場合．(d) 一方のダムの水面が大きく下がった（ドレイン電圧が大きくなった）場合．

太くなる．2端子間の電圧（2つのダムの水位差）が大きくなると，水位の低い方のダム（ドレイン）に近い水路の水はだんだん速く流れるようになり（その分水路は細くなる），ついには図 1.8（d）に示すように滝のように水位の低い方のダム（ドレイン）に流れ込むようになる．この状況は，図 1.7（a）の滝と同じであり，MOSFET では単に滝に流れ込む水量（電子の流れ）が，図 1.7（c）に示す堰の高さではなく，水路の太さで決まると考えれば良い．水量の変化（電流の変化——信号）は滝の高さ（ポテンシャル——電源の直流電圧に相当）からエネルギーを貰い，水車を動かす力の変化（信号電力）として増幅される．

　問題は半導体でこのようなモデルをどのように実現できているのかである．高校の教科書では電子で電流が流れる n 形半導体の他，正孔で流れる p 形半導体の説明があり，トランジスタは図 1.7（b）のようなモデルが書いてある．しかしこれでは前述のようにエミッタからベースに注入された電子が，ベースの正孔と結びついてしまって，コレクタまで到達できずトランジスタは動作しない．実際には半導体の中に電子が存在できないエネルギー領域があり（禁制帯と言う），電子と正孔は図 1.7（c）に示すようにこの禁制帯で分離されている．これを理解するためには，半導体中のエネルギーバンドを理解しなければならない．その為には多少なりと固体物理学を勉強する必要があり，これが高校と大学での電子デバイス，半導体デバイスの理解の大きな違いになる．

　そこで第 2 章では，固体の中のエネルギーバンドの概念を勉強し，固体の電気的性質；電気の流れる導体，電気の流れない絶縁体，その中間の半導体などの違いが，エネルギーバンドの違いによって説明できることを学ぶ．

練習問題

1) 音楽を録音，再生する場合，何処にどのような電子デバイスが必要とされるか？
2) トランジスタとは何と何を結びつけた造語で，どのような意味か？
3) トランジスタの2つ種類を挙げ，それぞれの3つの端子の名前を述べよ．
4) トランジスタの一般的な電流電圧特性を示し，2種類のトランジスタの動作の違いを，ダムのモデルで説明せよ．
5) 半導体でトランジスタができる最大の理由は何か？

第 2 章

固体中のエネルギーバンドと電子の分布

　図 2.1 に示すように，固体には銅やアルミのように電流の流れるものと，ガラスや水晶のように電流の流れないものがある．半導体はその中間で，温度と含まれている不純物によって電流の流れ方が何桁も変化する．この章では，このような固体の電気的な違いが，固体物理学でどのように説明できるか簡単に述べる．

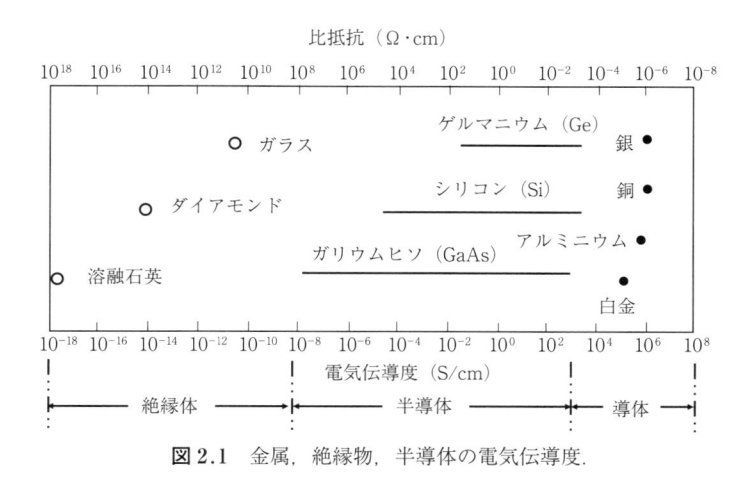

図 2.1 金属，絶縁物，半導体の電気伝導度．

2.1 固体の中のエネルギーバンド

　結論から先に述べると，銅，アルミ，金，銀のような金属では電子で電流が流れる．ガラス，ダイアモンド，石英のような絶縁物でも，固体の中に電子は

あるが，電流は流れない．シリコン（Si）やガリウムヒ素（GaAs）のような半導体には，電子（負 － negative － の電荷を持った粒子）で電流の流れる n 形半導体と，正孔 { 正 － positive － の電荷を持った粒子（電子の抜けた穴）} で電流が流れる p 形半導体がある．何故このような電気伝導度の違いが生じるのかは，固体の中に電子がいることのできるエネルギー準位といることのできないエネルギー準位があることによって説明できる．何故このようなエネルギー準位ができるかは，直感的には原子モデルから理解できるが，発光ダイオード材料などの光る半導体と Si のように光らない半導体（Si では発光ダイオードはできない）の違いを理解するためには，量子力学を駆使して解いた，より詳細なエネルギーバンド図が必要である．

2.1.1　周期表と元素の周りの電子

　高校の化学で学んだように，元素の性質は周期的に変わる．付表1の周期表の一番左側（I属あるいはIA属と呼ばれる）にはLi，Na，Kなどの非常に反応性の高い金属があり，アルカリ金属と呼ばれる．一番右側にはHe，Ne，Arなどの他の元素と結合しないガスがあり希ガスと呼ばれる．

　原子核の周りには，太陽の周りの惑星のように電子が回っている．ところが電子は波の性質も持っているので，1周回ったところで前の波と位相が合わないといけない．と言うことで電子の回る直径は連続的とはいかなくて，図2.2に示すように飛び飛びの値になる．図2.2はシリコン（Si）原子の周りの電子を示しているが，一番内側の1sと言う軌道には2個の電子が，その外側の2sと言う軌道にも2個の電子（sと言う軌道には量子力学的に2個の電子しか入れない）が回っている．その外側の2pと言う軌道には6個の電子が入れる．更にその外側の3sと言う軌道には2個の電子，3pと言う軌道には6つの電子が入れる場所があるが，Siでは2つだけ入っている．これらの様子は付録2に示されているが，原子の性質は一番外側の他の元素との反応に関

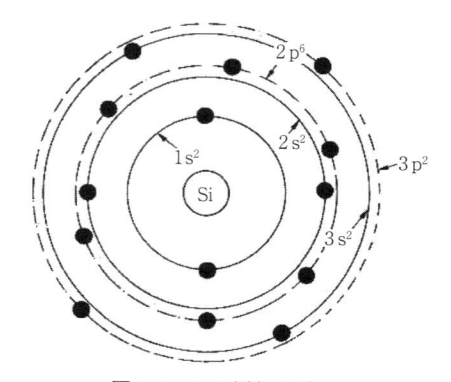

図2.2　Siの周りの電子．

わる電子の数で決まるので，周期的に性質が変わる．その為，IVB 属と呼ばれる C，Si，Ge は同じような結晶構造，性質を持っており，Si，Ge は半導体として良く知られている．

2.1.2 定性的なエネルギーバンドの説明

原子核は正の電荷を持っていて，負の電荷を持った電子はクーロン力による引力と回転による遠心力が釣り合った状態で運動している．原子核から離れるほどクーロン力は弱くなるから，電子に対するポテンシャル・エネルギーは，図 2.3 の漏斗のような形になる．前述のように電子は波の性質も持ち，1 周したところで位相が合わなければならないから，飛び飛びの運動エネルギーを持っていて，一番外側の電子が一番上，即ち真空中に取り出しやすいところにある．これが固体中のエネルギーバンドの元になる．

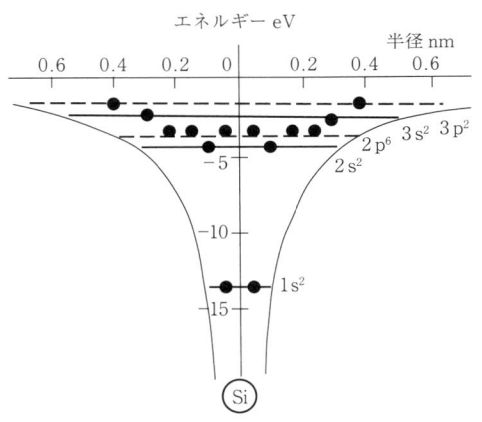

図 2.3 Si の周りの電子のエネルギー準位．

原子が近づくと，波動性を持った電子がお互いに干渉し合う．また，量子力学的には「パウリの排他律」と言うものがあって，完全に同じエネルギー準位，状態に 2 つの電子は存在することはできず，電子同士の干渉によってわずかに異なった 2 つのエネルギー準位になる．n 個の原子が集まると少しずつ異なった n 個の準位になる．横軸を原子間の距離，縦軸をエネルギーとして，シリコン（Si）の電子のエネルギー準位がどのように変化するかを示したのが図 2.4 である．3s と言う量子状態の電子も，3p と言う量子状態の電子も，それぞれ 1 つのエネルギー準位の束を形成する．実際には結晶 Si の原子密度は $10^{22}/cm^3$ 以上であるので，これらのエネルギー準位の束は連続したエネルギーのバンド（帯）として扱える．これが固体中のエネルギーバンド，エネルギー帯と言われるものである．3s や 3p の電子の内側にある 2s や 2p の電子は，原子が近づいても，3s や 3p の電子に覆われているので干渉し合うことはない．

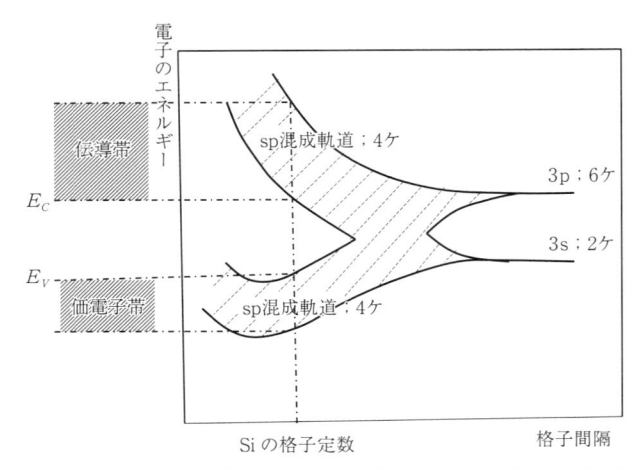

図 2.4 Si 原子同士が集まるとエネルギーのバンド（帯）ができる．

周期表で Si より 1 周期上のカーボン（c）の 2s や 2p の電子は一番外側であるので，Si の 3s や 3p の電子と同じようにお互いに干渉してエネルギーバンドを作る．C や Si が集まってお互いに近づくと，図 2.4 に示すように，s 軌道からできたエネルギーバンドと p 軌道からできたエネルギーバンドがある原子間距離のところで一度混じり合って，更に原子間距離が近づくと，また 2 つに別れる．これを sp 混成軌道と言う．下の sp 混成軌道は原子当たり 4 つの電子しか入ることができず，3s と 3p の電子 4 つ（原子当たり）が入っているので，Si や結晶 C（ダイアモンド）の下のバンドは電子で詰まっている．これを**価電子帯**と呼ぶ．一方上のエネルギーバンドにも原子当たり 4 つ電子が入る場所があるが，低温では総ての電子がエネルギー的に安定な下のバンド（価電子帯）にいるので，空になっている．この電子がいることができる空いているバンドを**伝導帯**と言う．伝導帯と価電子帯の間は，元々 3s 軌道と 3p 軌道の間で電子がいることのできないエネルギー領域であり，**禁制帯**と呼ばれる．この領域は電子のいることのできる伝導帯と価電子帯（合わせて許容帯とも呼ばれる）の隙間と言うことで，**バンドギャップ**とも言う．因みに Si のバンドギャップ・エネルギー（禁制帯の幅——伝導帯の底と価電子帯の頂上のエネルギー差）は約 1eV で，これは電子を 1V（ボルト）で加速した時に，電子が得るエネルギーに相当する．言い換えれば，Si の伝導帯の底と価電子帯の頂上

のポテンシャル（電位）差は約 1V である．

2.1.3 量子力学的に求められるエネルギーバンド

トランジスタなどの電子デバイスの動作は，上記の伝導帯，禁制帯，価電子帯と n 形半導体，p 形半導体の概念で大体理解できる．ところがこの世には GaAs のような効率的に光を出すことのできる半導体と Si のようにほとんど光らない半導体があり，その違いは上記のような定性的なエネルギーバンド図だけでは理解することができない．ここでは光る半導体と光らない半導体の違いを固体物理学でどのように説明しているか，その要点だけを述べる．

真空中の電子（これを自由電子と言う）の運動エネルギー E は次のように表される．

$$E = \frac{1}{2}m_o v^2 = \frac{(m_o v)^2}{2m_o} = \frac{p^2}{2m_o} \tag{2.1}$$

ここで m_o は自由電子の質量，v は速度，$p = m_o v$ は運動量である．したがって，自由電子のエネルギー E は，図 2.5 に示すように電子の運動量 p の 2 乗に比例して増大する．

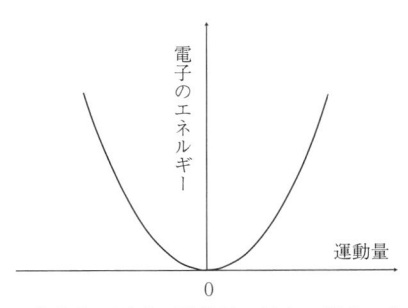

図 2.5 真空中の電子の運動量に対する運動エネルギー．

ところが Si や GaAs などの結晶中の電子は，周期的に存在する原子核の影響を受けて，運動エネルギーがこのような単純な関係にならない．概念を理解するために，まず図 2.6(a) に示すような，原子核による一次元の周期的なポテンシャル分布があるところを，電子が運動する場合を考えよう．電子は波の性質も持っているので，その波長 λ の整数倍がポテンシャル周期 a の 2 倍にな

ると ($a=n\frac{\lambda}{2}$ の時),X線のブラックの反射と同じように,電子の波は周期ポテンシャルに反射されて進めなくなる.量子力学的には電子の波長は速度に反比例する.その為,真空中の電子は図2.5に示すように速度に対して連続的にエネルギーが増大するのに対して,結晶のような周期ポテンシャル中ではだんだん速度が速く,したがって波長が短くなって,波長が $\lambda=\frac{2a}{n}$ になると,電子は反射によって動けなくなる.即ち,波は進む波と反射された波が重なって定在波——ギターの弦の振動のようなもの——になる.量子力学では波長の代わりに,その逆数の波数 $k=\frac{2\pi}{\lambda}$(数学的に扱いやすくするために 2π を付ける)が使われて,これは運動量に相当する.この定在波は量子力学の計算によると,図2.6(b)に示すように2つの異なったエネルギーを持つことになり,この間のエネルギーを持つ電子は存在し得ない.これが上述図2.4の禁制帯,バンドギャップに相当する.

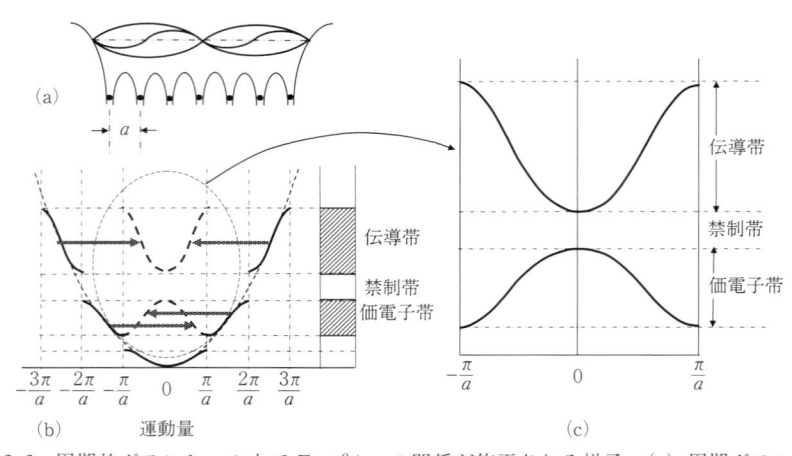

図2.6 周期的ポテンシャル中で $E=p^2/m_o$ の関係が修正される様子.(a)周期ポテンシャルと電子の波,(b)定在波が立つことによって $E=p^2/m_o$ の関係が不連続になる様子,(c)横軸を $2n\pi/a$ だけずらすことにより,エネルギーと運動量の関係を中央に集めた図.

もう一つ,周期 a のポテンシャル中の電子の波数(運動量)は三角関数のように $2\pi/a$ の周期で変化する.したがって,図2.6(b)の $\pi/a \sim 2\pi/a$ あるいは $2\pi/a \sim 3\pi/a$ の図を $2\pi/a$ だけ左に移しても,本質的に変わらない.したがっ

て，量子力学的に求められたエネルギーバンドは，一般に図 2.6 (c) に示すような上に凸のバンドと下に凸のバンドで表される．上に凸のバンドが，図 2.4 の定性的な説明における価電子帯に相当し，下に凸のバンドは伝導帯に相当する．量子力学的に求められたエネルギーバンドは一般的に図 2.7 に示すような模式図で表される．下の価電子帯は前述のように一般に電子で詰まっているが，不純物が入ったり，光で電子が励起されたりすると，電子の抜けた穴ができる．電子は負の電荷を持っているが，電子の抜けた穴は相対的に（原子核の電荷まで含めて考えると）正の電荷を持つことになる．これが正孔（ホール）であり，電子を水で例えると，正の電荷を持った泡のようなものである．したがって，正孔は図 2.7 の価電子帯の頂上に溜まることになる．逆に伝導帯の電子はエネルギーの一番低い底に溜まる．

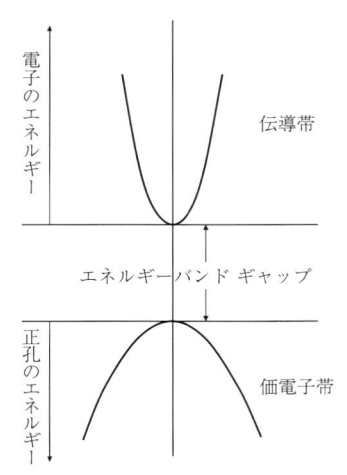

図 2.7 半導体中の電子（上の曲線）と正孔（下の曲線）のエネルギーと運動量の関係．

　Si と GaAs のエネルギーバンドは図 2.8 (a)(b) に示すように，図 2.7 に比べてずっと複雑な形をしている．これは Si や GaAs の原子の位置（したがって原子の作る周期ポテンシャル）が，図 2.6 (a) に示すような単純な形ではなく，図 2.9 (a)(b) に示すような複雑な形をしているからである．図 2.9 (a)(b) はそれぞれ Si と GaAs の結晶構造である．いずれの場合もある原子からは等間隔に 4 つの結合手が伸びていて（Si の最も外側には 4 つの電子があるため，Ga には 3 つだが As には 5 つあって平均すると 4 つになる．），周りの 4 つの原子とテトラポットのような正四面体を形成している．これが積み重なって結晶を構成するが，周期の最小単位は図 2.9 に示すような形になる．Si の場合，カーボン (C) でできているダイアモンドと同じ構造なので，ダイアモンド構造と言う．GaAs の場合も同じ構造だが，Ga 原子と As 原子が交互にあるので，せん亜鉛鉱（zincblende）構造と呼ばれる．

　図 2.8 (a)(b) のエネルギーバンドを見ると，左右が非対称になっている．

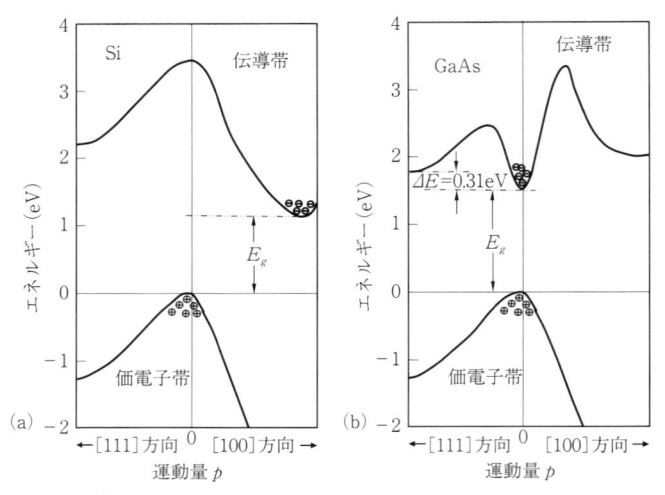

図 2.8 Si（a）と GaAs（b）中における電子のエネルギーと運動量の関係．中心の左右で結晶方位が異なる．

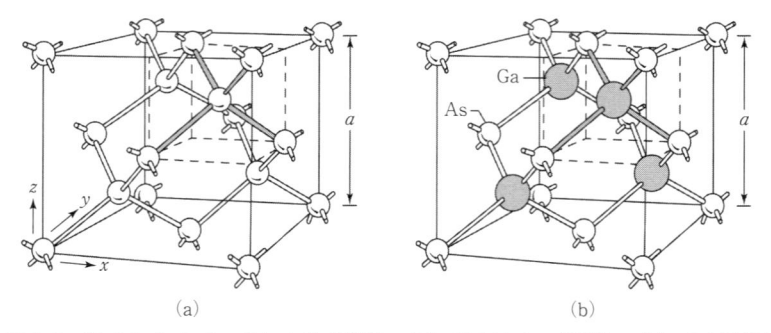

図 2.9 Si（a）と GaAs（b）の結晶構造．(a) ダイアモンド構造，(b) せん亜鉛鉱構造[1]．

これは計算している結晶の方向，即ち周期が異なるためである．右側の［100］と書かれている方向は，図 2.9 の x 軸方向に対応している．左側の［111］と書かれている方向は，x, y, z の軸の 1 の点を結んだ面に垂直な方向に対応している．それぞれ原子核による周期ポテンシャルが異なっていることが理解できるであろう．

もう一つ重要なことは，図 2.8(a) に示すように Si ではいずれの方向でも，

伝導帯の底は波数 k（運動量）がゼロではないところにある．価電子帯の頂上は波数 k（運動量）ゼロのところにあるので，伝導帯の電子が価電子帯の頂上にある正孔（電子の抜けた穴）に落ちる場合，原子（原子の並びを格子と言う）にぶつかって運動量を変化させないといけない．したがって，電子の持っていたポテンシャル・エネルギーの大部分は格子振動，即ち熱になってしまう．一方，図 2.8(b) に示す GaAs では，伝導帯の底は価電子帯の頂上と同じ波数 k（運動量）ゼロのところにある．したがって，伝導帯の底の電子は格子にぶつからないで直接価電子帯の頂上の正孔のところに落ちる．この場合は電子のポテンシャル・エネルギーは光子（光の粒）となって外に出る．このようなエネルギーバンド構造の半導体を**直接遷移型**半導体と言い，発光ダイオードやレーザ・ダイオードなどの光デバイスを作ることができる．図 2.8(a) の Si のような伝導帯の底が価電子帯の頂上の真上にない半導体は**間接遷移型**半導体と呼ばれ，光を発することはできない．このような光るか光らないかという違いは，量子力学的に求めたバンド図を使わないと理解できない．

2.2 金属，半導体，絶縁物のエネルギーバンド構造の違い

　先に述べた金属，半導体，絶縁物（絶縁体）の電気伝導度の違いは，エネルギーバンド構造の違いによって次のように説明できる．導体である金属には Na や K のようなアルカリ金属と Fe や Ni のような遷移金属がある．付録 2 の電子の配置を見れば分かるように，アルカリ金属元素では 2 つの電子が入れる s と言う軌道に 1 つの電子しか入っていない．これらの元素が集まって固体を作ると，この s 軌道が干渉し合ってエネルギーバンドを作るが，図 2.10(a) に示すようにバンドの半分しか電子が詰まっていない．遷移金属元素では，外側の 4s と言う軌道が詰まってしまった後，その内側の 3d と言う軌道に電子が詰まる．これらの軌道が干渉し合ってエネルギーバンドを作ると，図 2.10(b) に示すように 2 つバンドが重なっていて，かつその途中までしか電子が詰まっていない．

　半導体や絶縁物では，図 2.4 で示したように，電子の詰まった価電子帯と電子が居ることができるが電子のいない伝導帯がある．不純物の全然ない純粋な Si のような真性半導体と絶縁物の違いは，図 2.10(c)(d) に示すようにこれら

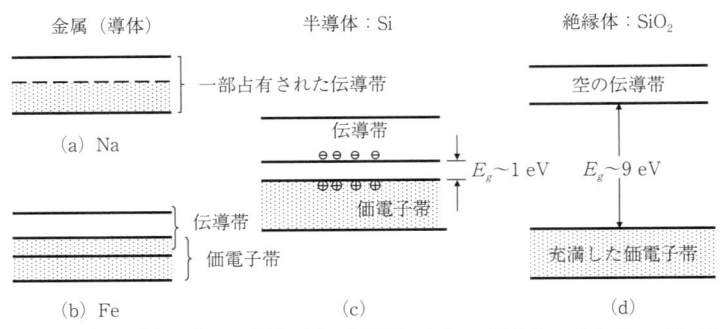

図 2.10 金属 (a)(b),半導体 (c),絶縁物 (d) の模式的エネルギーバンド図.
(a) アルカリ金属,(b) 遷移金属,(c) Si を想定,(d) SiO_2 を想定.

伝導帯と価電子帯の間のバンドギャップ（禁制帯）の大きさの違いだけである.

ではまず絶縁物では，価電子帯に電子がいるにもかかわらず電流が流れない理由を説明しよう．これは図 2.11 のようにエネルギーバンドを瓶，電子をその中にある水と考えると理解しやすい．図 2.11(a) に示すように瓶に半分だけ水（電子）が詰まっている場合，図 2.11(b) に示すように瓶を傾けると（エネルギーバンドでは電界を掛けることに相当する），水は左側に移動する．

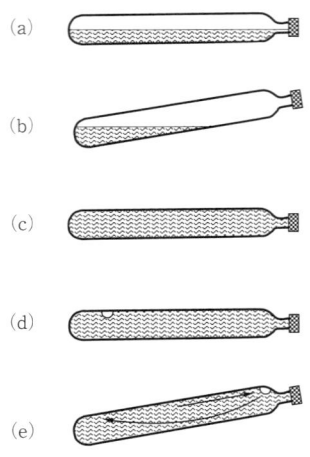

図 2.11 瓶の中の水によるエネルギーバンド中の電子のモデル．(a) 瓶に半分だけ水（電子）のある場合，(b) それを傾けた場合，(c) 瓶が水で詰まっている場合，(d) そこに泡がある場合，(e) それを傾けた場合．

電子が移動すれば電流が流れる．これが図 2.10 (a)(b) に示す，エネルギーバンドの半分だけ電子が詰まっている金属の場合に相当する．一方，図 2.11 (c) のように瓶全体に水（電子）が詰まっていると，瓶を傾けても全体として水の移動は起こらない．たとえ一部の水が右から左に動いても，必ずそれを補償するように別の水が左から右に動いて，結果として水の移動はない．真性半導体と絶縁物の価電子帯も同じで，電子が全体に詰まっているので，電界が掛かっても全体としては電子の移動はなくて電流は流れない．

ところが図 2.11 (d) に示すように，水の詰まった瓶に泡が入っていると，瓶を傾けた時図 2.11 (e) に示すように泡は右の方に動く．泡が動いたように見えるが実際には右にあった水が，泡のあった左に動いたのである．価電子帯の中の電子についても同じ事が言える．電子の抜けた穴があると，電界を掛けた時，泡と同じように電子と反対方向に動く．実際には電子が動くのであるが，これは正の電荷を持った穴（これを**正孔—ホール—**と言う）が電子と反対方向（電界の方向）に動くと考えた方が取り扱いやすい．これが p 形半導体に於ける電気伝導の模型である．伝導帯に電子（瓶の中の水滴）がある場合は電界を掛けると，負の電荷を持った電子が移動して電流が流れる．これが n 形半導体である．

真性半導体と絶縁物の違いは，図 2.10 (c)(d) に示すように，バンドギャップの大きさの違いである．絶縁体ではバンドギャップが大きくて，温度が高くなって格子振動（原子の熱による振動）が大きくなっても，原子同士を結合させている価電子帯の電子が結合を離れて伝導帯に飛び上がる（これを電子の励起と言う）事はない．ところが Si などの半導体では，温度が 250℃ ぐらいになって格子振動が激しくなると，価電子帯の電子の結合が切れて，伝導帯に飛び上がる（伝導帯に励起される）．そうすると伝導帯には電子が生じ，価電子帯には電子の抜けた穴，正孔が残る．したがって，電界が掛かると電子と正孔はお互い反対の方向に移動して，真性半導体には電流が流れる．即ち，真性半導体では温度が高くなればなるほど，伝導帯の電子と価電子帯の正孔の数が増えて，電流が流れ，電気伝導率が高く（比抵抗が低く）なる．図 2.1 で金属や絶縁物の比抵抗が 1 点で表されているのに，半導体の比抵抗が数桁変化しているのはこのためである．因みに金属では伝導電子の数が温度で変化せず，温度が高くなって格子振動が大きくなると電子の散乱が激しくなって比抵抗がわず

かだが高くなる.

なお，真性半導体では電子と正孔（ホールとも言う）の数が同じで，反対方向に動くので，真性半導体だけではトランジスタやダイオードなどの電子デバイスを作ることはできない．電子デバイスを作るためには，電子だけで電流が流れるn形半導体，正孔で電流が流れるp形半導体が必要である．どうすればn形半導体やp形半導体を作れるかは次に述べる．

2.3 真性半導体とn形半導体，p形半導体

Siの価電子帯の電子は，図2.12(a)のようにSiとSiを結合する（共有結合と言う）手となっている．分かり易くするためこれを図2.12(b)のような2次元の図で表すと，Siの価電子帯の原子当たり4つの電子が周りの4つのSiの電子と組を作って，Siの周りを合計8個の電子が回っているような形になる．Siは隣のSiと2つの電子を共有して結合しているので共有結合と呼ばれる（価電子結合と言う場合もある）.

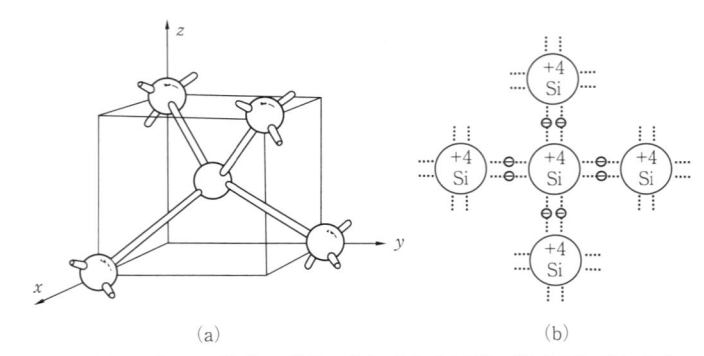

図 2.12 (a) SiとSiの結合の様子．(b) それを平面で模式的に表したもの．Siは隣のSiと2つの電子を共有して結合している（共有結合）．

2.3.1 真性半導体

温度が高くなったり光が当たったりすると，このSiとSiを繋いでいる手（共有結合）が切れて，電子が半導体中を自由に動き回るようになる．これが図2.13に示すように伝導帯に励起された電子である．電子が抜けたところ

(穴)には，隣の電子が来て，電子の抜けた穴（正孔）も自由に動くようになる．これが価電子帯の正孔である．

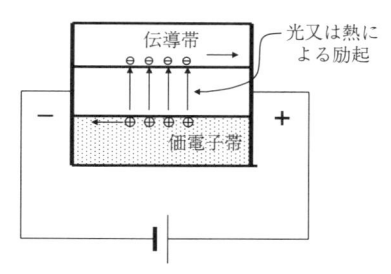

図 2.13 伝導帯に励起された電子と電子の抜けた穴（正孔-ホール）．

2.3.2 n形半導体

Si は IVB 属の元素で周りに 4 個の電子があるが，この中にリン(P)やヒ素(As)のような VB 属の原子が入ると，P や As の周りには 5 個の電子があるので，図 2.14(a) に示すように周りの Si との結合の手が 1 つ余る．この余った電子は本来 P や As に属するものであるので，P や As 原子に弱く結合されているが，格子からわずかな熱運動のエネルギーを貰うと，半導体中を自由に動き回れるようになる．これをエネルギーバンド図で描くと，図 2.15(a) に示すように，P や As が伝導帯のわずかに下の禁制帯中にエネルギー準位を作

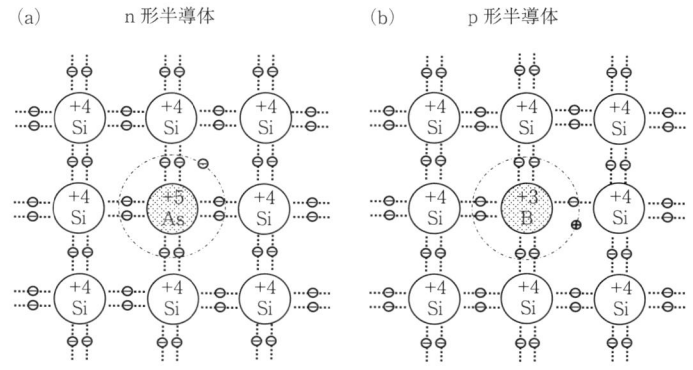

図 2.14 (a) IVB 族原子（As）-ドナーーが Si 格子に組み込まれた Si：n 形半導体，
(b) IIIB 族原子（B）-アクセプターが組み込まれた Si：p 形半導体．

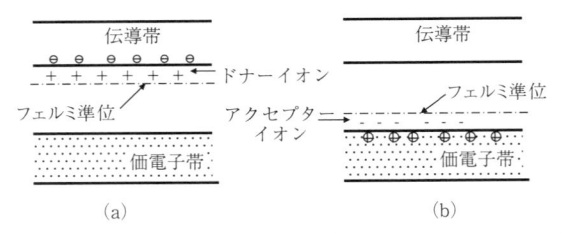

図 2.15 n形半導体(a),p形半導体(b)のエネルギーバンド図.

り,そこに結びついていた電子が伝導帯に熱的に励起されて,伝導帯中を自由に動き回れるようになる.PやAsの周りには5個の電子があって,その内4個は周りのSiとの結合に使われ,1個がふらふらとどこかに行ってしまう訳だから,PやAsはSi格子に組み込まれて,プラスに帯電した原子として存在する.このような原子は,電子を供給すると言う意味で**ドナー**と呼ばれる.ドナーの入った半導体は伝導帯に電子は居るが,真性半導体とは違って,価電子帯には正孔（ホール）はいないので,**n形半導体**である.

2.3.3 p形半導体

Si中にホウ素(B)やアルミニウム(Al)のようなIIIB属の原子が入ると,図2.14(b)に示すように周りのSiとの結合の手が1つ不足する.常温では格子が熱振動しているので,ここに隣の結合の手（電子）が移ってくる.そうすると電子の抜けた穴,正孔が隣に移ることになる.BやAlの周りには元々3個しか電子がないのに,Siと結合するために周りに4個の電子が居るので,BやAlは負に帯電していることになる.正孔はこの負に帯電した原子（これを電子を受け取ると言う意味で**アクセプタ**と呼ぶ）に弱く束縛されているが,少しの熱エネルギーで束縛を離れ,自由に価電子帯の中を動き回ることができるようになる.これをエネルギーバンド図で描くと図2.15(b)に示すように,BやAlが価電子帯のわずかに上の禁制帯中にエネルギー準位を作り,そこに結びついていた正孔（ホール）が価電子帯に熱的に励起されて,価電子帯中を自由に動き回れるようになる.これがp形半導体である.

真性半導体に対してn形半導体やp形半導体は,不純物が入っていると言う意味で,**外因性半導体**と呼ばれる事もある.

2.4 電子，正孔の分布と密度

2.4.1 フェルミ・ディラックの分布関数

標高が高くなるに従って空気が薄くなるように（衛星が飛んでいる所では空気はない），電子も電子に対するポテンシャルが高くなるほど（エネルギーバンド図で上に行くほど）電子の密度（濃度とも言う）は少なくなる．このエネルギーに対する電子の分布（エネルギー E の状態を電子が占める確率 $f_n(E)$）は下のような式で表される．これをフェルミ・ディラックの分布関数と言う．

$$f_n(E) = \frac{1}{1+e^{(E-E_f)/kT}} \tag{2.2}$$

ここで E_f は**フェルミ準位**と言い，電子の存在確率が 1/2 になるエネルギーである．水のモデルでは水面に相当する．k はボルツマンの定数，T は絶対温度で，kT は熱運動のエネルギーであり，室温（約 300K）では約 0.025eV である．フェルミ・ディラックの分布関数を，縦軸をエネルギーバンド図と同様に電子に対するポテンシャルエネルギー，横軸にそのエネルギーに於ける電子の存在確率で表すと，図 2.16 のようになる．熱による原子の振動がない絶対零

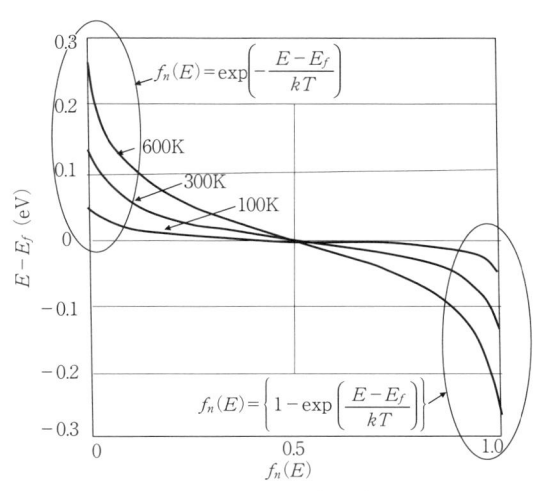

図 2.16 フェルミ・ディラックの分布関数．$E - E_f > 3kT$ ではマックスウェル・ボルツマンの統計になる．

度（$T=0$）では，フェルミ準位 E_f 以下のエネルギー準位は総て電子で詰まっている．逆にフェルミ準位 E_f 以上のエネルギー準位には電子は存在せず，エネルギー準位は空である．

温度が高くなると格子振動（原子の熱運動）によって，フェルミ準位より高いエネルギー準位にも電子が飛び上がって存在するようになる．逆にフェルミ準位より低いエネルギー準位にも電子がいない所ができる．真性半導体では図 2.17 に示すようにフェルミ準位がバンドギャップの真ん中当たりにあり，図 2.17(a) に示すように価電子帯にも電子がいない所ができる．これが正孔に相当する．温度が高くなるほど，この電子と正孔が指数関数的に増え，したがって真性半導体の伝導度も絶対温度に対して指数関数的に増加する．

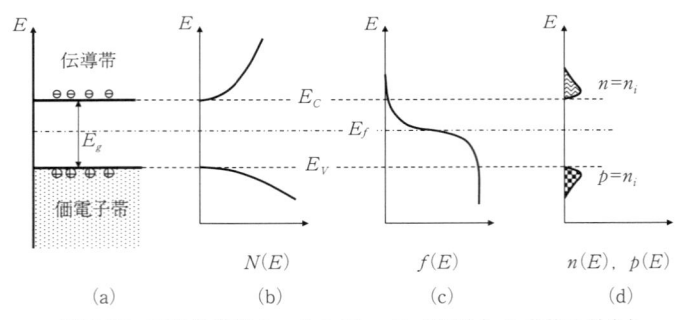

図 2.17 真性半導体のエネルギーバンド図(a) と準位の数(b)，フェルミ・ディラックの分布(c)，電子，正孔の分布(d)．

伝導帯中に電子がいることのできる場所 $N(E)$ は，固体物理学の計算によると，図 2.17(b) に示すように $\sqrt{E}$ に比例して増大する．価電子帯中に正孔がいることのできる場所 $N(E)$ も $\sqrt{E}$ に比例するが，この時の E は水の中の泡と同じように，下に行くほどポテンシャルエネルギーが高くなる．この場所の数に，温度が高い時のフェルミ・ディラックの分布，図 2.17(c) を掛けると，伝導帯中の電子の分布及び価電子帯中の正孔の分布は図 2.17(d) のようになる．

通常，伝導帯あるいは価電子帯中では $E - E_f > 3kT (\sim 0.1\mathrm{eV})$ であるので，(2.2)式の分母の第2項が20以上になり，第1項の1が無視できて，(2.3)式のようなマックスウェル・ボルツマンの統計で近似できる．

第 2 章　固体中のエネルギーバンドと電子の分布

$$f_n(E) = exp\{-(E-E_f)/kT\} \tag{2.3}$$

したがって，伝導帯の電子の数，価電子帯の正孔（ホール）の数はそれぞれ下記の (2.4) 式，(2.5) 式のような指数関数で表される．

$$n = N_C \exp[-(E_C-E_f)/kT] \tag{2.4}$$
$$p = N_V \exp[-(E_f-E_V)/kT] \tag{2.5}$$

ここで N_C は伝導帯の「**実効（有効）状態密度**」と言い，伝導帯に電子が入れる場所がどれぐらいあるかを示す数であり，N_V は価電子帯の「**実効（有効）状態密度**」で価電子帯に正孔が入れる場所がどれぐらいあるかを示す数である．これらの場所は伝導帯の底 E_C 及び価電子帯の頂上 E_V にかたまってあると考え，電子や正孔密度を (2.4) 式，(2.5) 式で表すことにより，トランジスタやダイオードの動作を数式的に説明することができる．

2.4.2　真性半導体のキャリア密度

真性半導体中のキャリア（電子と正孔）密度——真性キャリア密度と言う——は (2.4) 式，(2.5) 式から次のように求まる．

$$np = N_C \exp[-(E_C-E_f)/kT] N_V \exp[-(E_f-E_V)/kT]$$
$$= N_C N_V \exp[-(E_C-E_V)/kT] = n_i^2 \tag{2.6}$$

真性半導体中では電子と正孔の数は同じであるので，真性キャリア密度 $n_i = p_i$ は，バンドギャップ $E_g = E_C - E_V$ により次のように表される．

$$n_i = p_i = \sqrt{N_C N_V} \exp[-E_g/2kT] \tag{2.7}$$

即ち，真性キャリア密度は有効状態密度，バンドギャップ，温度のみの関数である．(2.7) 式の両辺の対数を取ると次式のようになる．

$$\log n_i = \frac{\log \sqrt{N_C N_V}}{\ln 10} - \frac{1}{\ln 10} \cdot \frac{E_g}{2k} \cdot \frac{1}{T} \tag{2.8}$$

したがって，横軸に絶対温度の逆数 ($1/T$) を取り，縦軸を対数目盛にすると，図 2.18 にに示すように直線に近い形になる（N_C, N_V, E_g に温度依存性があるため少し直線からずれる）．直線の傾きは $-\frac{1}{\ln 10} \cdot \frac{E_g}{2k}$ でこの傾きからバンドギャップ（禁制帯幅）E_g が求まる．図は Si と GaAs の真性キャリア密度の温度依存性であるが，この傾きから求めた GaAs のバンドギャップは 1.43eV で Si の 1.15eV より大きい事が分かる．室温での真性キャリア密度も約 $2 \times 10^6 cm^{-3}$ と Si の約 $10^{11} cm^{-3}$ より 5 桁近くも小さい．

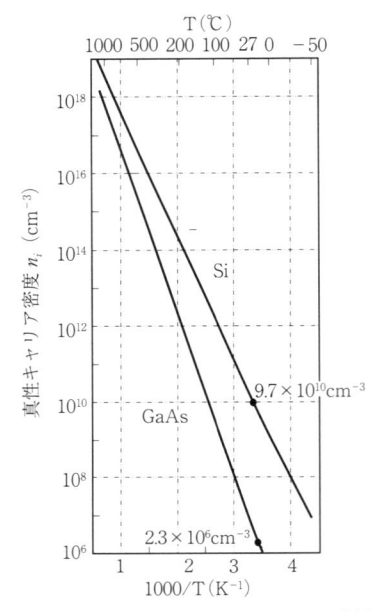

図2.18 絶対温度の逆数に対するSi及びGaAsの真性キャリア密度[2].

なお，(2.6)式の$np = n_i^2$の関係は，熱平衡状態であれば，n形半導体でもp形半導体でも成り立つ．

2.4.3 n形およびp形半導体のキャリア密度とフェルミ準位

図2.19(a)に示すように，ドナーが伝導帯の下$\Delta E = E_C - E_D$にある場合を考えよう．ヒ素As（ドナー）やホウ素B（アクセプタ）のΔEは約0.05eVであるから，室温ではドナーやアクセプタはほとんどイオン化している．電子の占有確率はもちろん上にある伝導帯の方が小さいが，状態密度が千倍以上大きいので，ほとんどの電子は伝導帯にいることになる．即ち，電子の密度はドナーの密度とほとんど同じである．結果として図2.19(c)に示すように，存在確率が1/2になるフェルミ準位は禁制帯の真ん中より可なり上，伝導帯の直ぐ下にある．（ドナー準位での電子の存在確率は0.01以下であるから，フェルミ準位はドナー準位より下）．フェルミ準位が上の方にあるから，図2.19(d)に示すように価電子帯には正孔はほとんどいない．（電子より10^{-10}ぐらい少ない．）

p形半導体ではこの状態が逆で，フェルミ準位は価電子帯の直ぐ上に来て，価電子帯には正孔がアクセプタの数と同じぐらいいるが，伝導帯には電子はほとんどいない．

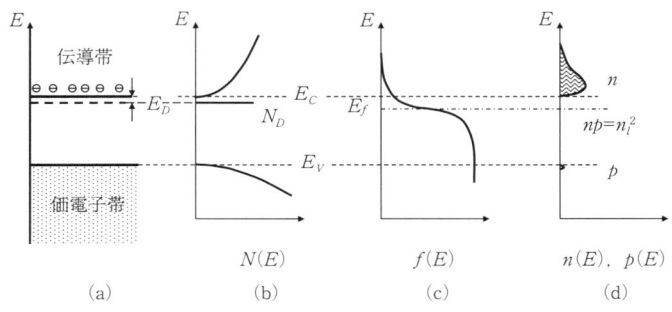

図 2.19 n形半導体の (a) バンド図，(b) 状態密度，(c) フェルミ分布関数，(d) キャリア密度分布．熱平衡状態であれば$np=n_i^2$の関係が成り立つ．

ドナー密度$N_D=10^{15}\,\mathrm{cm}^{-3}$のSiの電子密度を，絶対温度の逆数（$1/T$）に対してプロットすると，図2.20のようになる．Siでは幸いなことに，図2.20の中央の平らな部分に示すように，室温を含む-100℃〜$+200$℃で電子密度がドナー密度と同じになる．フェルミ・ディラックの分布関数が温度で変わるはずなのに，伝導帯の電子数が変わらないのは，伝導帯の有効状態密度が約$3\times10^{19}\,\mathrm{cm}^{-3}$とドナー密度より4桁も大きく，ドナーが総てイオン化しているからである．伝導帯の電子の存在確率が変わらないので，実際にはフェルミ・ディラックの統計が成り立つように，フェルミ準位の位置がずれている．この領域を，電子密度が不純物（ドナーやアクセプタ）で決まると言う意味で**外因性領域**，あるいはキャリアが一定であると言う意味で**飽和領域**と言う．トランジスタやダイオードなどの半導体デバイスは，キャリア（電荷を運ぶもの）が電子あるいは正孔だけである，この領域でしか動作しない．

Siで温度が200℃以上になると，価電子帯から伝導帯に電子が熱エネルギーで励起されて，図2.20の左側に示されるように電子密度が(2.6)式に従って指数関数的に増大する．もちろん正孔も増大する．この領域を真性領域と言う．この状態ではトランジスタやダイオードは動作しない．Geではバンドギャップが0.7eVとSiのそれより小さいので約100℃で**真性領域**になる．そ

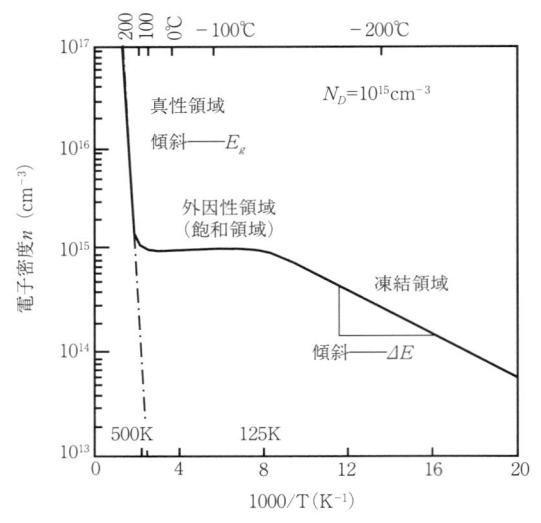

図 2.20　ドナー密度 $N_D = 10^{15} \text{cm}^{-3}$ の Si における電子密度の温度依存性.

の為，初期に作られた Ge のトランジスタでは，少し温度が上がると動作しなくなった．

　温度が低くなると，電子や正孔はだんだんドナーやアクセプタにクーロン力で捕らえられるようになる（イオン化されなくなる）．キャリアの数は図 2.20 の右側のように，$1/T$ に対して指数関数的に減少する．図 2.18 の真性半導体と同じように，この傾きからドナーやアクセプタの活性化エネルギー（電子や正孔を放出するのに必要なエネルギー）ΔE が求められる．この温度領域を，電子や正孔が凍り付いてしまったと言う意味で**凍結領域**と呼ぶ．もちろんこの領域でもトランジスタやダイオードは動作しない．

引用文献

1) S.M. ジィー著，南日康夫，川辺光央，長谷川文夫訳「半導体デバイス（第2版）」産業図書，2004，p.22, 図 2-4.
2) 同上，p.34, 図 2-22.

練習問題

1) 固体中には電子がいることのできるエネルギーバンドと電子がいることのできないエネルギーバンドができる理由を原子のモデルから説明せよ．またそれぞれのエネルギーバンドの名前は何と言うか，半導体を例として述べよ．

2) C（カーボン，炭素）からは導体と絶縁物ができる．カーボンからできている導体と絶縁物の名前は何か？　また横軸を原子間距離として，どうして同じ原子から導体と絶縁物ができるか説明せよ．

3) C（カーボン，炭素）は原子番号6番の軽い元素であるが，結合の仕方によっては鉛筆の芯のような（ ① ）になったり，女性を魅力する（ ② ）になったりする．これは孤立したカーボン原子が近づくと，周りの（ ③ ）同士が干渉し合い，少しずつ違った（ ④ ）を持った準位を作り，n個の原子が集まると，少しずつ異なったn個のエネルギー準位の（ ⑤ ）ができる．これを（ ⑥ ）と言うが，結晶構造，したがって原子間距離によって，2つの（ ⑥ ）がくっついていたり，大きく離れたりして，電気の流れる（ ① ）になったり，（ ② ）のような（ ⑦ ）になったりする．

4) 金属，正孔，絶縁物の電子の詰まり方を，瓶のモデルで説明せよ．

5) 金属，真性半導体と絶縁物の導電率の違いを，エネルギーバンド図の違いによって説明せよ．但し，金属については2つの場合を示せ．

6) フェルミ・ディラックの分布関数はどのような場合にマックスウェル・ボルツマンの分布で近似できるか，それぞれの分布関数を書いて説明せよ．

7) 真性キャリア密度 n_i は絶対温度 T とバンドギャップエネルギー E_g にどのように依存するか？

8) Siの場合どのような不純物を入れると，何故n形半導体あるいはp形半導体になるのか？

9) 伝導帯の電子濃度 n を有効状態密度 N_C，伝導帯の底のエネルギー E_C，フェルミ準位 E_f でもって表せ．

10) Si中に活性化エネルギー約50meVの浅いドナーが $N_D = 10^{15} \text{cm}^{-3}$ 程度ドープされているとする．
    a) 温度を約20Kから600Kまで変化した時，電子濃度 n がどのように変化するか，縦軸に $\log n$ 横軸に $1/T$ を取ってその概略を描け．

b) 凍結領域，外因性領域（飽和領域），真性領域とはどの様な領域か簡単に説明せよ．

11) Si 中に活性化エネルギー約 50meV の浅いドナーが $N_D = 10^{15}$ cm^{-3} 程度ドープされているとする．温度が非常に低いとドナーの 1 つ余分な（ ① ）はドナーに捕らえられていて，自由に動き回ることはできない．温度が高くなると，熱によって格子が振動し，（ ① ）はドナーから離れて（イオン化して），（ ② ）中を自由に動くようになる．したがって，電子の数は温度の上昇と共に（ ③ ）する．この領域を（ ④ ）と言う．室温付近では総てのドナーはイオン化し，電子の数は変わらない．この領域を（ ⑤ ）と言う．更に温度が高くなって，200℃以上になると，（ ⑥ ）から伝導帯に電子が励起され，電子，ホールの数は指数関数的に増加する．この領域を（ ⑦ ）と言う．トランジスタやダイオードはこの 3 つの領域の内の（ ⑧ ）領域の半導体でないと正常な動作はしない．

第3章

半導体中での電子，正孔の流れと生成，再結合

　電界が掛かると電子や正孔は動く．これをドリフトという．しかし，半導体中では電界がなくても，電子や正孔に濃度差ができて拡散することが多い．実際，pn接合では拡散で電流が流れる．また半導体中では電子・正孔対ができたり，再結合して消滅したりする．デバイスの動作を理解するにはこれら3種類の電子，正孔の動き，変化を理解する必要がある．

3.1 キャリア（電子，正孔）のドリフトと移動度

3.1.1 ドリフト速度と移動度

　室温では格子（原子の網）が振動しているので，その熱を貰ってキャリア（電子，正孔）も図3.1(a)に示すように動き回っている（熱運動と言う）．電子あるいは正孔が原子に弾かれて，次に別の原子にぶつかるまで，電界が掛かっていなければ真っ直ぐ進む．これを「自由行程」と言うが，衝突から衝突までのこの距離は毎回異なる．したがって，これを平均したものを**平均自由行程**と言って，この平均自由行程が小さいほど（衝突の頻度が多いほど），電子は結晶内を動きづらいことになる．いずれにしても電界が掛かっていない場合は，右に行く電子と左に行く電子の数は同じで，全体としては電荷の移

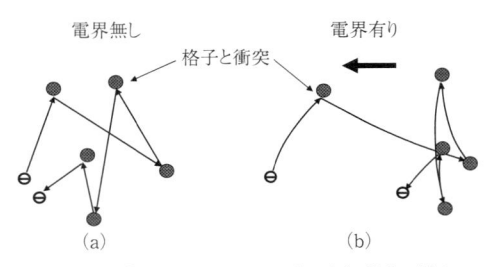

図 3.1 半導体中の電子の運動．(a)電界が掛かっていなくて，単に熱運動している状態．(b)電界によって引きずられている状態．

動はなく，電流は流れない．

　電界が掛かると電子や正孔は，図3.1(b) に示すようにその方向に引きずられる．通常熱運動による速度の方が電界によってずらされる量よりずっと大きい．それでこれをドリフトと言い，全体として電荷の移動があるので電流が流れる．キャリアが全体として単位時間に移動する距離を**ドリフト速度**と言う（熱運動の速度よりずっと小さい）．ドリフト速度vは電界Eに比例し，その比例係数を**ドリフト移動度**（通常μと書く）と言い，ドリフトされ易さを表す．

$$v = \mu E \tag{3.1}$$

電子デバイスでは通常長さの単位としてcmを使う．したがって，速度の単位はcm/s 電界の単位はV/cmであり，ドリフト移動度μの単位は上式からcm²/V・sとなる．

　電子デバイスの動作にとって，キャリアの動き易さを表す移動度は重要なファクターである．野球のボールよりソフトボールの方が遠くに投げられないように，電子（あるいは正孔）の質量が重いほど動きづらくなる．2章の(2.1)式及び図2.5～2.8を見れば分かるように，半導体の中の電子の質量は，原子による周期ポテンシャルの影響で自由電子と異なる．これを**有効質量**と言う（通常電子に対してはm_n，正孔に対してはm_pと表す）．GaAs中の電子の有効質量は，Si中の電子の1/5程度であるので，移動度は5倍ぐらいになり，同じ大きさのデバイスを作ると，GaAsデバイスの方が3倍ぐらい高速で動作する（移動度だけでは決まらないので5倍にはならない）．

　もう一つ移動度に影響するのは，ぶつかりやすさ，即ち上述の「平均自由行程」である．衝突してから次に衝突するまでの時間の平均「平均緩和時間τ_c」で表すこともある．ドナーやアクセプタなどの不純物が入っていると，当然ぶつかりやすくなって移動度は小さくなる．(3.1)式によると電界が高くなると幾らでも電子の速度が速くなるように見えるが，図3.2に示すように電界が10kV/cm以上になるとドリフト速度が電子の熱速度（10^5cm/sec，100km/sec）に近くなり，格子（原子）との衝突が激しくなって，電子の速度は10^5cm/sec程度で飽和してしまう．最近は半導体デバイスの寸法が小さくなり，例えばFET中の電界が10kV/cmを容易に超えてしまって，GaAsとSi FETのしゃ断周波数に差がなくなっている．それでも低電界部分の直列抵抗がGaAsの方が小さいので，低雑音FET等では未だGaAsの方が有利である．

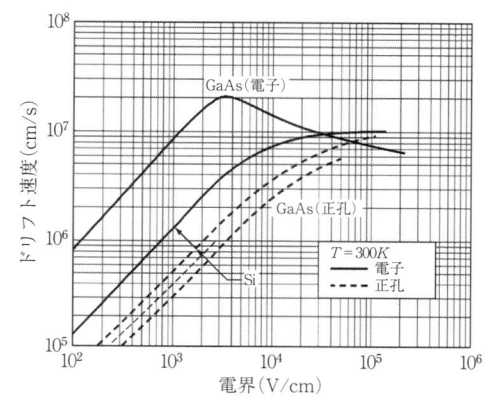

図3.2 SiおよびGaAs中の電子，正孔のドリフト速度の電界依存性[1].

3.1.2 半導体の電気伝導率

半導体の抵抗がどうなるかは次のように考えれば良い．電荷Qがvと言う速度で動くと電流Iが流れる．半導体中の単位体積当たりの電荷はp形半導体でqp，n形半導体でqnであるから，単位面積当たりの電流，即ち電流密度Jは（3.1）式を使って次のようになる．

$$J_p = Qv_p = qpv_p = qp\mu_p E = \sigma E \tag{3.2}$$

$$J_n = (-qn)(-v_n) = qn\mu_n E = \sigma E \tag{3.3}$$

ここで$\sigma = qp\mu_p$ あるいは$\sigma = qn\mu_n$ \hfill (3.4)

を電気伝導率（伝導度，電導率，導電率とも言う）と言う．サフィックスp, nはp形半導体の……，n形半導体の……と言う意味である．抵抗率（比抵抗とも言う）ρは伝導率σの逆数であるから次のようになる．

$$\rho = \frac{1}{\sigma} = \frac{1}{qp\mu_p} \quad \text{あるいは} \quad \rho = \frac{1}{\sigma} = \frac{1}{qn\mu_n} \tag{3.5}$$

抵抗率ρ，長さL，断面積Sの半導体の抵抗Rは

$$R = \rho \cdot \frac{L}{S} (\Omega) \tag{3.6}$$

となる．これからρの単位は$\Omega\cdot$cmになることが分かる．因みにσの単位はS/cmである（Sはジーメンス）．

3.1.3 半導体中のキャリア密度の測定法

　半導体がn形であるかp形であるか，キャリア密度がいくらかはホール電圧（ホールはこの方法を発明した人の名前）と言うものを測ることによって求めることができる．ホール電圧は半導体の小片に電流を流し，電流と垂直に磁界を掛けた時に，電流と磁界の両方に垂直な方向に現れる電圧である．これはキャリアがローレンツ力（モーターが回るのも同じ原理）で曲げられて，半導体の一方の端に集められるために生ずるものである．電子と正孔では同じ電流に対して移動する方向と電荷の両方が逆であるため，集められる方向が同じになり，それによってできる電界が逆になる．キャリア密度が小さいほど，生ずる電界は大きくなり，電圧の大きさとサンプルの大きさからキャリア密度が求まる．

3.2 拡散によるキャリア（電子，正孔）の流れ

　洗面器の水に墨を落とすと広がっていくように，電子や正孔も濃度差があると拡散する．電荷が移動すれば電流になるので，半導体中では電界がなくても拡散で電流が流れる．実際，pn接合ダイオードやバイポーラ・トランジスタでは電流は拡散で支配される．

　図3.3に示すように，正孔密度pに濃度勾配があると（正孔の流れと電流の流れが同じ方向になるので，ここでは正孔で説明する），熱運動によって左から右に動く正孔の数は右から左に動く正孔の数より多くなる．即ち，全体として電荷の移動があるから電流J_{Dp}が流れる．これを拡散電流と言い（3.7）式のようになる．

$$J_{Dp} = +qD_p\left(-\frac{dp}{dx}\right) = -qD_p\frac{dp}{dx} \tag{3.7}$$

ここでD_pは正孔の**拡散係数**——熱運動による正孔の動き易さ——である．dp/dxは正孔の濃度勾配を表すが，濃度勾配が負，即ち$+x$の方向に行くほど濃度が少なくなっていると，正孔は$+x$方向に拡散する．したがって，$-dp/dx$で正の値になり，これに正孔の拡散係数D_pを掛けたものが$+x$方向に拡散する正孔の数であり，それに正孔の電荷qを掛けたものが電流密度（単位面積，半導体ではcm^2当たりの電流）である．キャリアが電子の場合，拡散による

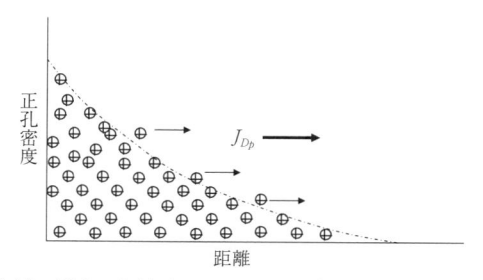

図 3.3 正孔密度が右側に行くほど低くなっていると（傾斜が負だと）正孔は右に拡散する．

電流密度は下式のようになる．

$$J_{D_n} = -qD_n\left(-\frac{dn}{dx}\right) = qD_n\frac{dn}{dx} \tag{3.8}$$

拡散係数は温度 T が高いほど，移動度 μ が大きいほど，大きくなる．この関係をアインシュタインの関係式と言い，次式のように表される．

$$\begin{aligned}D_n &= \mu_n\frac{kT}{q} \\ D_p &= \mu_p\frac{kT}{q}\end{aligned} \tag{3.9}$$

ここで μ_n，μ_p はそれぞれ電子，正孔の移動度である．

半導体中の電流密度 J（電流は 通常 I で表す）はドリフト電流と拡散電流の和であるので次のように表される．

$$J_n = qn\mu_n E + qD_n\frac{dn}{dx} \tag{3.10}$$

$$J_p = qp\mu_p E - qD_p\frac{dp}{dx} \tag{3.11}$$

なお，金属中ではバンドギャップがなく，したがって少数キャリアがないため，電子の濃度勾配が生ずることはなく，拡散電流は流れない．

3.3 キャリア連続の式

n$^+$-p-n 型バイポーラ・トランジスタでは，図 3.4 に示すように，p 形ベース中にエミッタから電子が注入される．これを多数キャリアである正孔に対して少数キャリアと言う．この分布（図 3.5）の微少部分 dx の少数キャリア（図

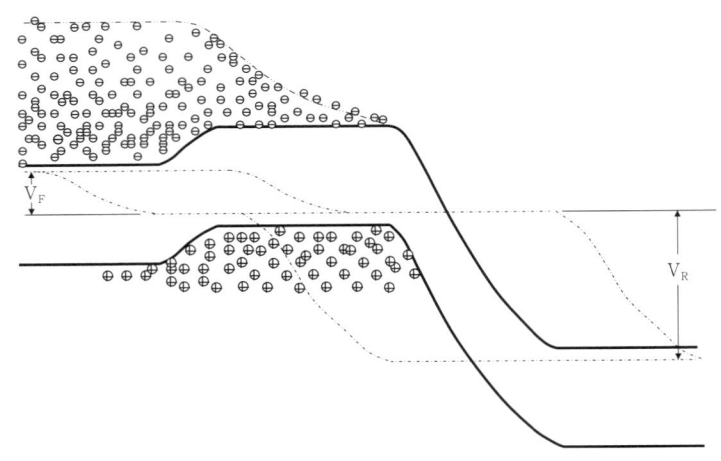

図 3.4 BiTr では p 形ベースにエミッタから電子（少数キャリア）が注入され，ベース中を拡散で流れる．

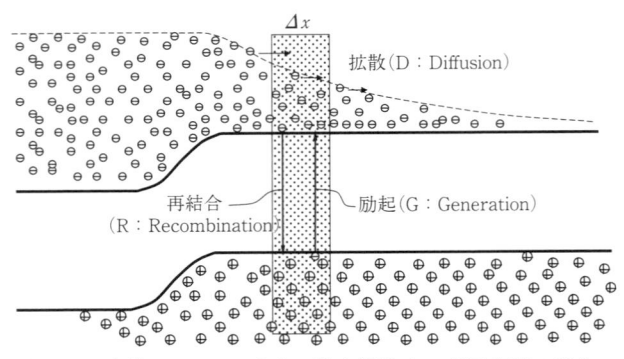

図 3.5 少数キャリアの分布の微少領域 dx の電子密度の変化．

では電子）の変化 dn/dt は，次のような入ってくる電子，出ていく電子，発生する電子，再結合で消滅する電子の合計で決まる．

1) 拡散で入ってくるものと出ていくものの差

$$-\frac{d\left\{D_n\left(-\dfrac{dn}{dx}\right)\right\}}{dx} = +D_n\frac{d^2n}{dx^2} \tag{3.12}$$

2) ドリフトで入ってくるものと出ていくものの差

第 3 章　半導体中での電子，正孔の流れと生成，再結合

$$-\frac{d\{n\mu_n(-E)\}}{dx} = +\mu_n E \frac{dn}{dx} \tag{3.13}$$

3）光照射等で単位時間に発生する電子・正孔対数 G_n
4）正孔との再結合で消滅する電子の割合

$$R_n = \frac{n - n_0}{\tau_n} \tag{3.14}$$

即ち，

$$\frac{dn}{dt} = D_n \frac{d^2 n}{dx^2} + \mu_n E \frac{dn}{dx} + G_n - \frac{n - n_0}{\tau_n}. \tag{3.15}$$

右辺第 1 項と第 2 項は電流の出入り差であるから，次のように表せる．

$$\frac{dn}{dt} = \frac{1}{q} \frac{dJ_n}{dx} + (G_n - R_n) \tag{3.16}$$

正孔が少数キャリアの場合は次のようになる．

$$\frac{dp}{dt} = D_p \frac{d^2 p}{dx^2} - \mu_p E \frac{dp}{dx} + G_p - \frac{p - p_0}{\tau_p} \tag{3.17}$$

$$\frac{dp}{dt} = \frac{1}{q} \frac{dJ_p}{dx} + (G_p - R_p) \tag{3.18}$$

これらを連続の式と呼ぶ．

引用文献

1) S.M. ジィー著, 南日康夫, 川辺光央, 長谷川文夫訳「半導体デバイス（第 2 版）」産業図書, 2004, p.67, 図 3-22.

練習問題

1) キャリアの移動度 μ，伝導率（導電率）σ，抵抗率（比抵抗）ρ とはどのように定義されるか，式を書いて説明し，それぞれの単位を示せ．
2) 電子の電荷を q，密度を n，移動度を μ とすると，導電率 σ，比抵抗 ρ はどのように表されるか？
3) 半導体の中を流れる電流は通常ドリフト電流と拡散電流の和である．キャリア濃度 n の n 形半導体に電界 E が掛かっており，電子の濃度勾配が dn/dx であった場合の，電子電流密度 J_n はどのように表されるか？

第4章

pn 接合とショットキー接合

　半導体には n 形半導体と p 形半導体があるのでデバイスができる．pn 接合はその最も基本の構造で，通常ダイオードとして図 4.1 に示すような整流特性を示す．構造は図 4.2(a) に示すように，n 形半導体の一部に p 形不純物（アクセプタ）がドープされて pn 接合ができている．整流特性は図 4.2(b) に示すような金属と半導体（通常 n 形が使われる）の接触（ショットキー接合とも呼ばれる）でも得られる．その場合，金属が p 形半導体の役割を担うが，pn 接合より高周波まで整流特性を示すので，検波など高周波での動作を必要とする用途にはむしろショットキー・バリア・ダイオードが使われる．しかし，バイポーラ・トランジスタや MOSFET には pn 接合が不可欠であり，

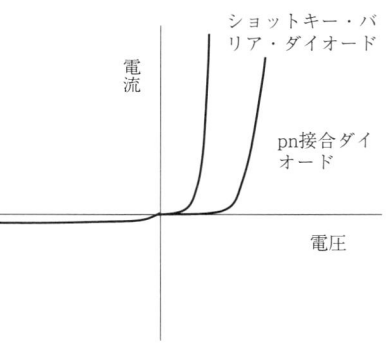

図 4.1 ダイオードの整流特性．

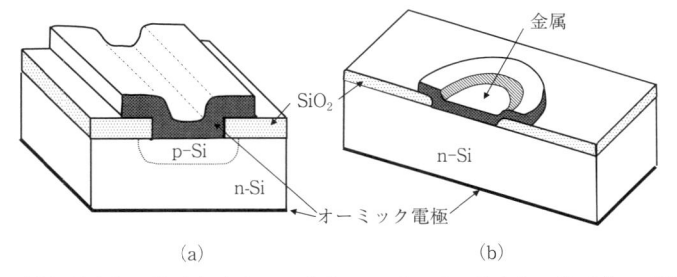

図 4.2 pn 接合ダイオード（a）とショットキー・バリア・ダイオード（b）の構造．

pn 接合が半導体デバイスの基本であることに変わりはない．

4.1　pn 接合，ショットキー接合

4.1.1　エネルギーバンド図と空間電荷

　高校生など半導体中のエネルギーバンドを学んでいない人には，図 4.3(a, b, c) のような模式図でしか pn 接合の整流特性を説明できない．図 4.3(a', b', c') に示すエネルギーバンド図の左側の模式図との最も大きな違いは，**少数キャリアの注入**が理解できることである．図 4.3(b) に示す模式図では，pn 接合に順方向バイアスを加えた場合，電子と正孔は界面で直ぐ結合してしまうが，図 4.3(b') のエネルギーバンド図では電子は p 形半導体の伝導帯に，正孔は n 形半導体の価電子帯に注入され，少数キャリアとなる事が分かる．これらの少数キャリアは数十 μsec の間多数キャリアと再結合しないので，後述するようなバイポーラ・トランジスタの動作が可能になるのである．

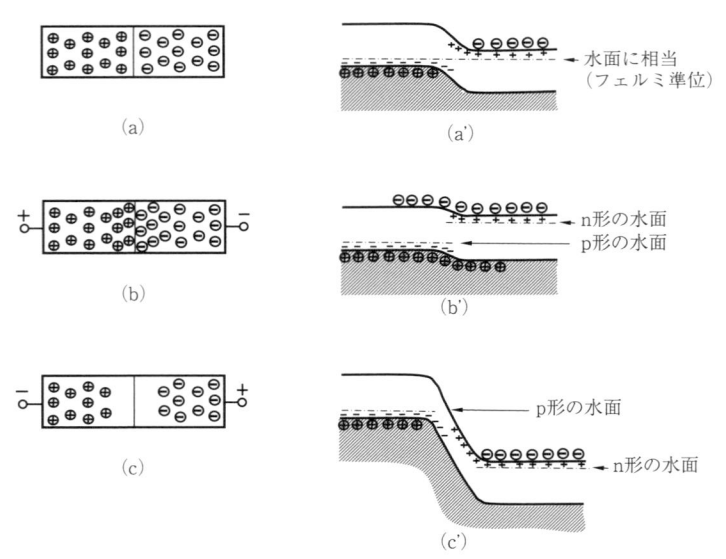

図 4.3　ダイオードの高校生用説明 (a, b, c) とエネルギーバンド図を用いた説明 (a', b', c')．(a, a') はゼロバイアス時，(b, b') は順方向バイアス，(c, c') は逆方向バイアスを掛けた場合．

第4章 pn接合とショットキー接合

pn接合を理解するためにまず，電圧の印加や光の照射などの外部から刺激のない**熱平衡状態**（水が流れていないような状態）について考えて見よう．図4.4(a)はp形半導体とn形半導体が接触する前のエネルギーバンド図である．ここで注意しなければならないのは，真空準位と伝導帯の底のエネルギーとのエネルギー差（これを**電子親和力**と言う）は，半導体に固有でp形半導体でもn形半導体でも変わらないと言うことである．それに対してフェルミ準位（これは水面に相当する）はp形半導体とn形半導体で異なる．真空準位とフェルミ準位とのエネルギー差を**仕事関数**と言うが，p形半導体の仕事関数はn形半導体の仕事関数よりおよそバンドギャップ分ぐらい大きい．即ち，p形半導体のフェルミ準位はn形半導体のフェルミ準位より低いところにある．

その為p形半導体とn形半導体が接触すると図4.4(b)に示すように，n形半導体の電子はより低い空いている準位，p形半導体の正孔の所，に落ちる．

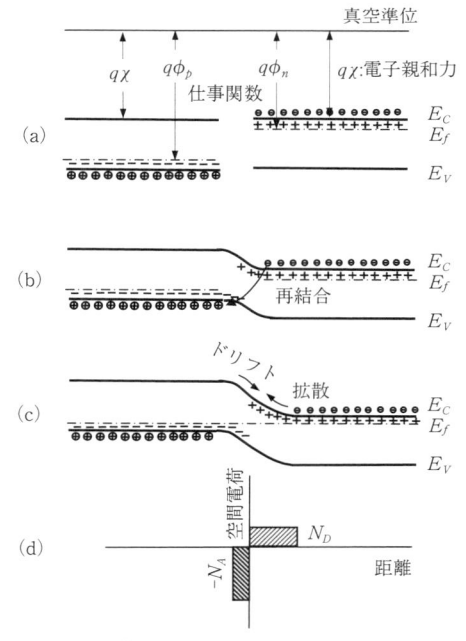

図4.4 (a) p形半導体とn形半導体が独立にある場合，(b) 両者が接触し1部電子が正孔の所に落ちた状態，(c) フェルミ準位が一致し，それ以上電子・正孔の結合がない状態，(d) 結果としての空間電荷分布．

ドナーは電子と合わせて中性，アクセプタは正孔と一緒で中性であるから，n形半導体の電子がp形半導体の正孔と結合してしまうと，n形半導体にはイオン化した正のドナーが，p形半導体には電子で負にイオン化したアクセプタができる．これらの正負の電荷は格子に組み込まれていて動くことができないので，**空間電荷**と呼ばれる（電子などの動くことのできる空間電荷もある）．n形半導体の電子がどこまでp形半導体の正孔の所に落ちるかと言うと，図4.4(c)に示すように，p形半導体とn形半導体のフェルミ準位（水面のような所）が一致するまで電子と正孔の結合が続く．この状態では図4.4(d)に示すようなn形半導体の正の空間電荷とp形半導体の負の空間電荷による電気双極子ができ，n形半導体とp形半導体の間には電界（図4.4(c)）に示すような静電ポテンシャルの傾斜）ができる．したがって，この領域の電子は右側（n形半導体の側）に，正孔は左側（p形半導体の側）にドリフトにより引っ張られる．一方右側（n形半導体の側）には多くの電子がいて，左側に拡散しようとし，左側（p形半導体の側）には多くの正孔がいて右側に拡散しようとする．熱平衡状態（p形半導体とn形半導体の間に電圧が掛かっていない状態——フェルミ準位が一致している状態）では，空間電荷領域（**空乏層領域**と呼ばれる）の電界によるドリフトと拡散とが釣り合って，全体としての電荷の移動はない．即ち，電界があっても電流は流れない．なお，空間電荷によるポテンシャル差（p形半導体の伝導帯の底の電位とn形半導体の伝導帯の底の電位との差）を**内蔵電位** V_{bi} または**拡散電位** V_D と言う．

　図4.5は，同じような状況を金属とn形半導体との接触（ショットキー接合）について示したものである．図4.5(a)は金属とn形半導体が独立してある場合で，n形半導体のフェルミ準位（水面）が金属のフェルミ準位より上にある．接触させるとn形半導体の電子が金属側に落ち，n形半導体にイオン化したドナーによる正の空間電荷ができる．金属側は落ちてきた電子により負に帯電する（図4.5(b)）．この現象は図4.5(c)に示すように，フェルミ準位が一致するまで起こる．この状態はpn接合に於いて，p形半導体のアクセプタ密度がn形半導体のドナー密度より桁違いに多い場合とほとんど同じで，空間電荷分布は図4.5(d)のようになる．ただ，金属にはp形半導体のような正孔がないので，n形半導体に正孔が少数キャリアとして注入されることがない．その為ショットキー・バリア・ダイオードの方が高周波まで動作する．

第4章 pn接合とショットキー接合

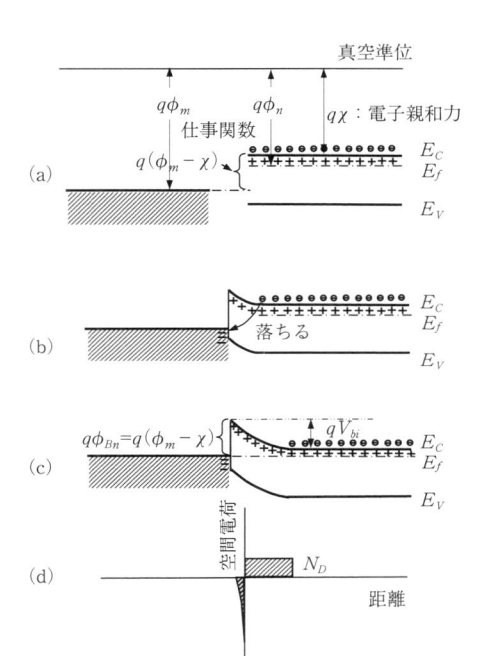

図4.5 (a) 金属とn形半導体が独立してある場合, (b) 電子の一部が電位の低い金属のフェルミ準位の所に落ちた状態, (c) 接触してフェルミ準位が一致した状態, (d) 空間電荷分布.

4.1.2 空乏層領域（空間電荷領域）の解析

空間電荷分布 $\rho(x)$ と静電ポテンシャル V の関係は次のような**ポアソンの方程式**を解くことによって求められる.

$$\frac{d^2V}{dx^2} = -\frac{dE}{dx} = -\frac{\rho}{\varepsilon_s} = -\frac{q}{\varepsilon_s}(N_D - N_A + p - n) \tag{4.1}$$

ここで ε_s は半導体の誘電率, E は電界でポテンシャル V を微分したものである.

$$E = -\frac{dV}{dx} \tag{4.2}$$

図4.4(d) に示す, 電子と正孔が結合して残されたドナーとアクセプタによる空間電荷領域の端は, 電子や正孔の存在確率が指数関数的に変化しているので, 少しなだらかになっている. しかし, その変化は急峻なので, 空間電荷領

域は図に示すように矩形状になっていると考えても，計算結果にはほとんど影響を与えない．

また，電子と正孔は1対1で結合するので，イオン化されたドナーとアクセプタの数は同じになる．したがって，p形半導体のアクセプタ密度 N_A が n 形半導体のドナー密度 N_D より充分に多い場合，即ち $N_A \gg N_D$ の時，p 形領域の空乏層の厚さは無視できるほど薄くなり，図4.6 に示すように電界やポテンシャル分布の計算には n 形領域だけ考えればよい．また，金属・半導体接触でも，n 形半導体から金属に移った電子は界面に溜まるので，この電子による空間電荷は充分薄くなり，$N_A \gg N_D$ の pn 接合と同様に n 形領域だけ考えればよい．

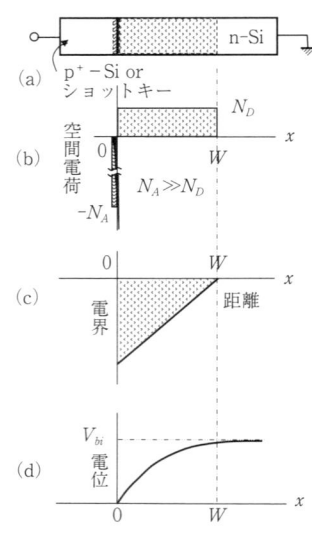

図 4.6 $N_A \gg N_D$ の場合の $p^+ - n$ 接合，ショットキー接合（a）の空間電荷分布（b），電界分布（c），電位分布（d）．

空間電荷領域の端は急峻に変化し，電子や正孔も無視できるとすると，(4.1)式は図 4.6(b) の $0 < x < x_n$ 領域で次のようになる．

$$\frac{d^2V}{dx^2} = -\frac{dE}{dx} = -\frac{\rho}{\varepsilon_s} = -\frac{q}{\varepsilon_s}N_D \tag{4.3}$$

これを1回積分すると，C を不定積分の定数として次のようになる．

$$E = \int \frac{qN_D}{\varepsilon_s}dx = \frac{qN_D}{\varepsilon_s}x + C \tag{4.4}$$

$x = x_n$ で $E = 0$ の境界条件を入れると，$C = -\frac{qN_D}{\varepsilon_s}x_n$ となり，電界分布は次式のようになる．

$$E = \frac{qN_D}{\varepsilon_s}(x - x_n) \tag{4.5}$$

これは図 4.6(c) に示すように右上がりの直線である．

最大電界を E_m とし，電界分布を積分するとポテンシャル分布が求まる．但

第4章 pn接合とショットキー接合

し W は空乏層幅で $W=x_n$ である.

$$V = -\int E dx = E_m\left(x - \frac{x^2}{2W}\right) + C$$

$x=0$ で $V=0$ とすると積分定数 C が求まり，次式のようになる.

$$V = E_m\left(x - \frac{x^2}{2W}\right) = \frac{2V_{bi}}{W}\left(x - \frac{x^2}{2W}\right) \tag{4.6}$$

これは図4.6(d) に示すように上に凸の二次曲線である. エネルギーバンド図は電子に対するポテンシャルで書くので，図4.7(d) を逆にしたものに対応する.

4.1.3 空乏層幅と空乏層容量

図4.6でn形半導体側に広がっている空乏領域（空間電荷領域）の幅を求めて見よう．(4.5)式で $x=0$ での最大電界を E_m とすると

$$E_m = -x_n\frac{qN_D}{\varepsilon_s} \tag{4.7}$$

となる．また，図4.6(c) の三角形の面積が内蔵電位 V_{bi} であるから

$$\frac{1}{2}E_m x_n = V_{bi}. \tag{4.8}$$

(4.7) 式の E_m を (4.8) 式に代入して，その時の空乏層幅 $W=x_n$ を求めると $N_A \gg N_D$，$V=0$ と言う条件では

$$W = x_n = \sqrt{\frac{2\varepsilon_s V_{bi}}{qN_D}} \tag{4.9}$$

となる．これはダイオードに電圧が掛かっておらず，p形半導体とn形半導体の仕事関数差に相当する内蔵電位分だけの電圧（電位差）がpn接合に加わった場合の空乏層幅である．更に外部からバイアス電圧 V が加わると空乏層幅は次式のようになる．

$$\begin{aligned}W &= \sqrt{\frac{2\varepsilon_s}{q}\frac{(V_{bi}-V)}{N_D}} \\ &= \sqrt{\frac{2\varepsilon_s}{q}\frac{(V_{bi}-V_F)}{N_D}} \\ &= \sqrt{\frac{2\varepsilon_s}{q}\frac{(V_{bi}+V_R)}{N_D}}\end{aligned} \tag{4.10}$$

順方向バイアス V_F が加わると，図 4.7(b) に示すように n 形半導体のフェルミ準位が上がって，空間電荷領域に掛かる電位差が小さくなるので空乏層幅 W が狭まる．逆方向バイアス V_R が加わると図 4.7(c) に示すように n 形半導体のフェルミ準位が下がって，空間電荷領域に掛かる電位差が大きくなるので空乏層幅 W が広くなる．

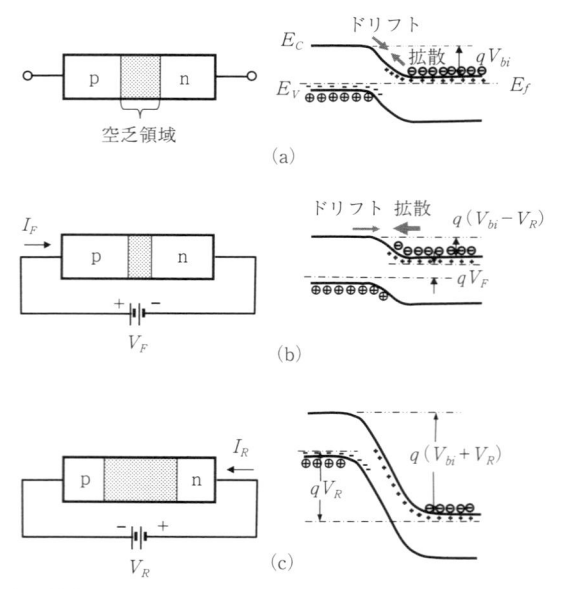

図 4.7 空乏層幅（左）とエネルギーバンド図（右）．(a) バイアスゼロ，(b) 順方向バイアス，(c) 逆方向バイアス．

空乏層領域には電子も正孔もいないので，絶縁物があると考えて良い．絶縁物の両側に導体があると容量(コンデンサ)を構成する．したがって，ダイオードは接合容量を持っている．これは空乏層容量とも呼ばれ通常 C_j と表す．容量は絶縁物の誘電率に比例し，厚さに逆比例するから，ダイオードの空乏層容量は次のようになる．

$$C_j = \frac{\varepsilon_s}{W} = \sqrt{\frac{q\varepsilon_s N_D}{2(V_{bi} - V)}} \tag{4.11}$$

この式から分かるように，逆方向にバイアスすると空乏層幅 W が広がり，空

乏層容量 C_j が減少する.

電圧と容量の関係は，(4.11) 式を変形して次式のようになる.

$$\frac{1}{C_j^2} = \frac{2(V_{bi} - V)}{q\varepsilon_s N_D} \tag{4.12}$$

これは図 4.8 に示すように，$y = ax + b$ と言う関数で表される直線となり，$y = 1/C_j^2$ と V の傾斜 $a = 2/q\varepsilon_s N_D$ から不純物密度 N_D が求まり，$1/C_j^2 = 0$（横軸）との切片から内蔵電位 $V = V_{bi}$ が求まる.

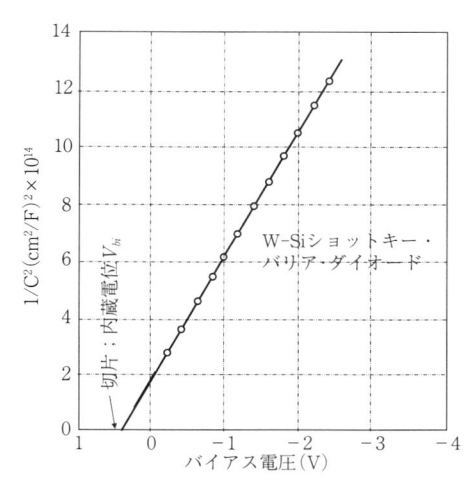

図 4.8 $N_A \gg N_D$ の場合の p^+-n 接合，ショットキー接合の，逆方向印加電圧に対する $1/C_j^2$ の関係.

4.2 ダイオードの電流-電圧特性

ダイオードにバイアス電圧が加わっていない場合（熱平衡状態），図 4.9(a) に示すように拡散とドリフトが釣り合っているので，全体としてダイオードには電流は流れない．これは図 4.9(a') に示すようにショットキー接合でも同じである．p 形半導体（金属）に正の電圧を加えると（順方向バイアス），図 4.9(b, b') に示すように p 形半導体（金属）の電子に対する静電ポテンシャルが下がり(エネルギーバンド図で下に下がる)，空乏層に掛かる電圧はその分減ってドリフトを起こさせる電界が小さくなる．その為拡散がドリフトに勝るっ

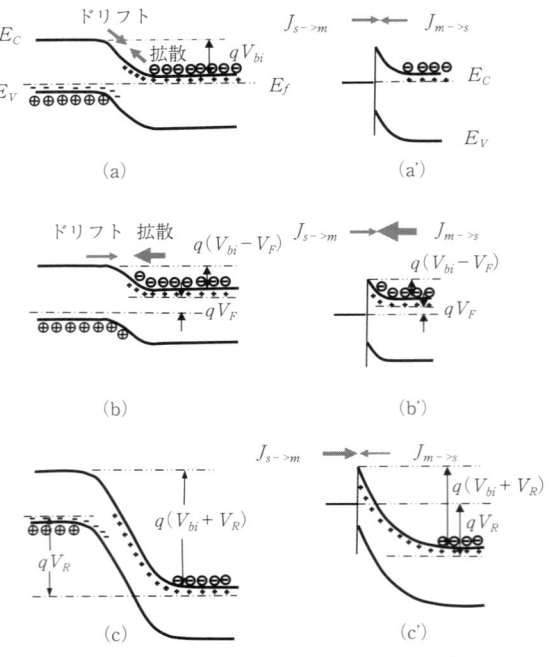

図 4.9 pn 接合（左側），ショットキー接合（右側）に順方向（b, b'），逆方向（c, c'）にバイアスした場合のエネルギーバンド図．(a) はバイアスゼロの場合．

て，pn 接合の場合は正孔が n 形半導体へ，電子が p 形半導体に注入されて（これらを少数キャリアと言う），ダイオードに電流が流れる．ショットキー接合では，電子が障壁を乗り越えて金属に入り，金属の電子と混ざってしまうので，少数キャリアにはならない．後述するようにこれがショットキー・バリア・ダイオードの方が高周波まで動作する理由である．

p 形半導体（金属）に負の電圧を加えると（逆方向バイアス），図 4.9(c, c') に示すように p 形半導体（金属）の電子に対する静電ポテンシャルが上がり（エネルギーバンド図で上に行く），空乏層に掛かる電圧は大きくなりキャリア（電子，正孔）は空乏領域から総て引き出されて（ドリフトされて）しまう．しかし p 形半導体には電子はないし，n 形半導体には正孔がないので，流れる事のできるキャリアはなくなり，電流は流れない．ショットキー接合では，金属中に障壁（エネルギーバンドの突起——これをショットキー障壁と言う）を乗り

越えられるような高いエネルギーを持った電子がほとんどないので，やはり電流は流れない．これがダイオードが整流特性を示す理由である．

なお，p形半導体内やn形半導体内には電界はないので（電界ができると正孔や電子が動いてキャンセルしてしまう），注入された電子や正孔はp形半導体内やn形半導体内を拡散で流れる．

4.2.1 少数キャリアの分布

　ダイオードに流れる電流は，少数キャリアの拡散によって支配されるから，まず少数キャリアの分布を求めることが必要である．数式が沢山出てくるのでキャリア密度の表記方法を決めて置く．添え字（サフィックス）はn形半導体かp形半導体かを示し，熱平衡状態のキャリア密度には下記のように添え字 o をつける．

　　n_{no}：熱平衡状態のn形半導体の電子密度
　　p_{no}：　　　〃　　　　　〃　　正孔　〃
　　p_{po}：　　　〃　　　p形半導体の正孔密度
　　n_{po}：　　　〃　　　　　〃　　電子　〃

何回も出て来たように，バイポーラ・トランジスタ（BiTrと略す）の動作原理の説明にはダムのモデルを使い，電子が水のように流れると考えると理解しやすい．したがって，pn接合でも電子を中心に議論することにする．ダムのモデルと同じになる n^+-p-n 型 BiTr では（n^+- は密度の高いn形と言う意味），図4.10に示すように n^+ 形エミッタからp形ベースに少数キャリアである電子が注入される．BiTrが動作するためには，ベース幅はできるだけ狭いことが必要であるが，ここではpn接合の動作を理解するため，ベース幅が無限に広いとして，図4.11にような n^+-p 接合近傍のキャリアについて議論する．

　順方向バイアス V が加わったとき，p形領域に注入される $x=x_p$（p形半導体側の空乏層の端，電界がゼロになっているところ）での電子密度 $n_p(x_p)$ は，n形領域のフェルミ準位（水位）が $x=x_p$ まで伸びているとすると，(2.3)式から次式のようになる．

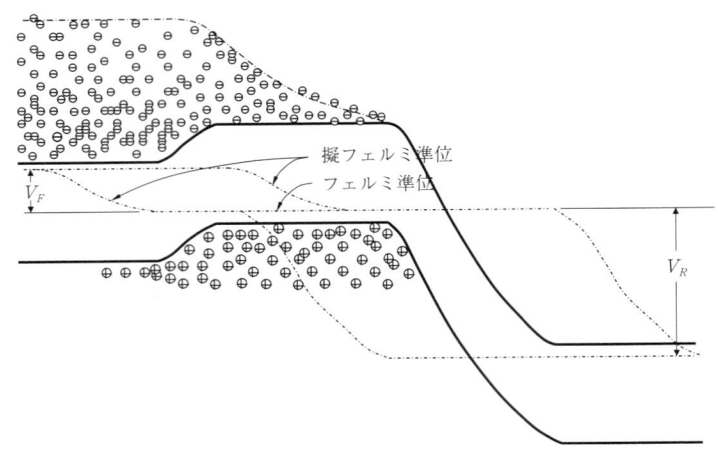

図 4.10 n$^+$-p-n 型バイポーラトランジスタのエネルギーバンド図とキャリアの注入.

$$
\begin{aligned}
n_p(x_p) &= N_c \exp\left\{-\frac{(E_c - E_{fn})}{kT}\right\} \\
&= N_c \exp\left\{-\frac{[E_c - (E_{fp} + qV)]}{kT}\right\} \\
&= N_c \exp\left\{-\frac{(E_c - E_{fp})}{kT}\right\} \exp\frac{qV}{kT} \\
&= n_{po} \exp\frac{qV}{kT}
\end{aligned}
\tag{4.13}
$$

ここで E_{fn}, E_{fp} はそれぞれ n 形および p 形半導体におけるフェルミ準位であり，印加電圧分だけずれている（$V = E_{fn} - E_{fp}$）．p 形半導体中での E_{fn} は，注入された少数キャリアである電子が，フェルミ・ディラックの統計に従っていると考えた時のフェルミ準位であり，**擬フェルミ準位**と言う．n 形半導体中での E_{fp} についても同様である．

p 形領域に注入された電子の分布は，3 章の連続の式（3.15）

$$
\frac{dn}{dt} = D_n \frac{d^2 n}{dx^2} + \mu_n E \frac{dn}{dx} + G_n - \frac{n - n_0}{\tau_n}
\tag{3.15}
$$

を解くことにより求まる．定常状態では $\frac{dn_p}{dt} = 0$ であり，電子の生成はない（$G_n = 0$），p 形領域では電界はない（$E = 0$）と考えると，p 形半導体中での電子 n_p に対する連続の式は次のようになる．

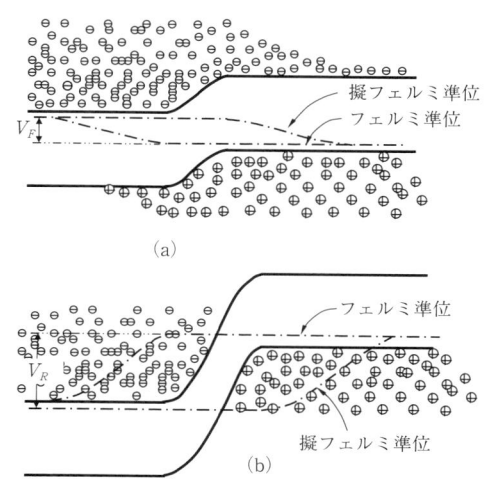

図 4.11 n^+-p 接合のエネルギーバンド図とキャリアの分布．(a) 順方向，(b) 逆方向．

$$\frac{d^2 n_p}{dx^2} - \frac{n_p - n_{po}}{D_n \tau_n} = 0 \tag{4.14}$$

ここで D_n は電子の拡散係数，τ_n は少数キャリアである電子の寿命である．第1項は dx の部分に拡散で入ってくる少数キャリアと出て行く少数キャリアの差，第2項は dx の部分で再結合により単位時間に消滅する少数キャリア($n_p - n_{po}$)の数である．(4.14) 式を**拡散方程式**とも言う．

これは2次の微分方程式で，一般解は次のようになる．

$$n_p(x) - n_{po} = A \exp \frac{-x}{\sqrt{D_n \tau_n}} + B \exp \frac{x}{\sqrt{D_n \tau_n}} \tag{4.15}$$

定数 A，B は次のような2つの境界条件で求まる．pn 接合から充分離れると ($x = \infty$)，注入された少数キャリアは総て再結合し，熱平衡状態の電子になる：$n_p(\infty) - n_{po} = 0$．したがって，$B = 0$ でなければならない．2つ目の境界条件は，空乏領域と中性 p 形領域との境界 $x = x_p$ での電子密度は (4.13) 式で決まると言うこと，即ち

$$n_p(x_p) = n_{po} \exp \frac{qV}{kT} \tag{4.16}$$

である．したがって，定数 A は次式のようになる．

$$A = \left\{ n_{po} \exp\left(\frac{qV}{kT}\right) - n_{po} \right\} \exp \frac{x_p}{\sqrt{D_n \tau_n}} \tag{4.17}$$

中性 p 形半導体領域に注入された少数キャリア，電子の分布は次式のようになる．

$$n_p(x) = \left\{ n_{po} \exp\left(\frac{qV}{kT}\right) - n_{po} \right\} \exp \frac{-(x - x_p)}{\sqrt{D_n \tau_n}} \tag{4.18}$$

注入された少数キャリアは，図 4.12 に示すように距離に対して指数関数的に減少する．ここで，$L_n = \sqrt{D_n \tau_n}$ を**拡散長**（少数キャリア密度が $1/e$ になる距離）と言う．

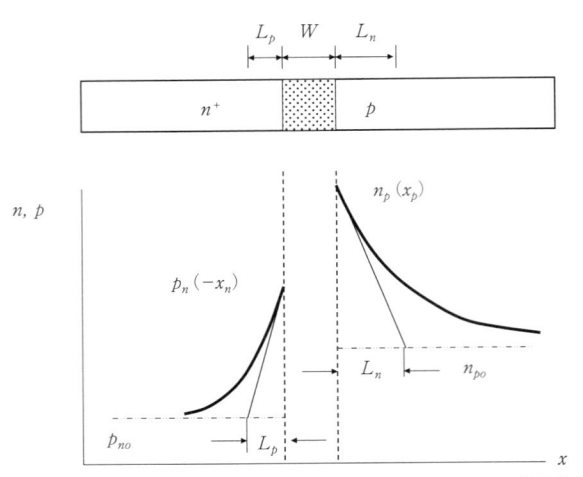

図 4.12 注入された少数キャリアの分布．ここで $L_n = \sqrt{D_n \tau_n}$, $L_p = \sqrt{D_p \tau_p}$ はそれぞれ電子，正孔の拡散長．

4.2.2 電流-電圧特性

p 形領域には電界がないので，注入された電子は拡散によって流れる．電子の拡散による電流密度 J_n は，電子分布の微分に拡散係数を掛けて次のように求まる．

第4章 pn接合とショットキー接合

$$\begin{aligned}
J_n &= qD_n \frac{dn_p}{dx}\bigg|_{x=x_p} \\
&= qD_n n_{po}\left\{\exp\left(\frac{qV}{kT}\right)-1\right\}\frac{-1}{\sqrt{D_n\tau_n}}\exp\frac{-(x-x_p)}{\sqrt{D_n\tau_n}}\bigg|_{x=x_p} \\
&= -\frac{qD_n n_{po}}{L_n}\left\{\exp\left(\frac{qV}{kT}\right)-1\right\}
\end{aligned} \qquad (4.19)$$

即ち,拡散による電流密度 J_n はバイアス電圧 V により注入された少数キャリア密度 $n_p = n_{po}\exp\frac{qV}{kT}$ に比例する.

全電流密度 J は電子による電流密度 J_n と n 形領域に注入された正孔による電流密度 J_p との合計で下式のようになり,図4.13に示すように電圧に対して指数関数的に増加する.

$$\begin{aligned}
J &= J_n(x_p)+J_p(-x_n) \\
&= J_s\left\{\exp\left(\frac{qV}{kT}\right)-1\right\} \\
&\approx J_s\exp\left(\frac{qV}{kT}\right)
\end{aligned} \qquad (4.20)$$

ここで,

$$J_s = \frac{qD_n n_{po}}{L_n}+\frac{qD_p n_{po}}{L_p} \qquad (4.21)$$

は逆方向飽和電流と言う.なぜなら (4.19) 式, (4.20) 式はバイアス電圧が負の場合も成り立って,その場合 $\exp\left(-\frac{qV}{kT}\right)$ はゼロになり, $J=-J_s$ となるからである.

ショットキー接合では少数キャリアができないので,電流は拡散では流れない.しかし図4.9(b')の障壁の頂上の電子密度(n形半導体から障壁を乗り越えられる電子数)は (4.16) 式と同じようにバイアス電圧 V の指数関数に比例する.

$$n(x=0) = n_o(x=0)\exp\frac{qV}{kT} \qquad (4.22)$$

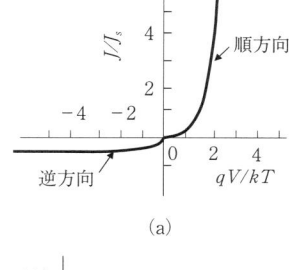

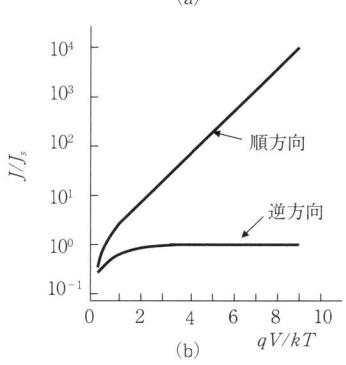

図4.13 ダイオードの電流-電圧特性. (a)直線表示,(b)片対数表示.

障壁の高さを $q\phi_{Bn}$ とすると，図 4.9(a') の熱平衡状態での障壁の頂上の電子密度 $n_o(x=0)$ は 2 章（2.3）式から次式のようになる．

$$n_o(x=0) = N_c \exp\left(-\frac{q\phi_{Bn}}{kT}\right) \tag{4.23}$$

ショットキー接合では図 4.9(b') に示すように，(4.22) 式で表される電子が熱電子放出で金属に移動することになるが，金属から半導体に移動する電子は障壁（$q\phi_{Bn}$）で遮られてしまい，電流-電圧特性は下記のようになる．

$$\begin{aligned} J &= A^* T^2 \exp\left(-\frac{q\phi_{Bn}}{kT}\right)\{\exp\left(\frac{qV}{kT}\right) - 1\} \\ &= J_s\{\exp\left(\frac{qV}{kT}\right) - 1\} \\ &\approx J_s \exp\left(\frac{qV}{kT}\right) \end{aligned} \tag{4.24}$$

但し

$$J_s = A^* T^2 \exp\left(-\frac{q\phi_{Bn}}{kT}\right) \tag{4.25}$$

ここで A^* は実効リチャードソン定数と呼ばれる定数である．この電圧-電流特性は逆方向飽和電流密度 J_s の違いを除いては，(4.20)(4.21) 式の pn 接合の電圧-電流特性と全く同じである．

但し，前にも述べたようにショットキー接合では**少数キャリアの注入，蓄積**がないので，pn 接合より高周波まで動作する．その為検波用ダイオードとして，TV，ラジオ，携帯などの電波を検出しなければならない所には必ず 1 つ使われている．

また一般に，実際の pn 接合ではバンドギャップ内の欠陥準位での再結合によって流れる電流があって（ショットキー接合では界面の酸化膜等の影響で），図 4.14 に示すように $\log J$ と電圧 V との関係の傾斜が q/kT ではなくて $q/\eta kT$ となる．

$$\begin{aligned} J &= J_s\left\{\exp\left(\frac{qV}{\eta kT}\right) - 1\right\} \\ &\approx J_s \exp\left(\frac{qV}{\eta kT}\right) \end{aligned} \tag{4.26}$$

ここで η は**理想定数**と呼ばれ $1<\eta<2$ であり，η が 1 に近いほどバンドギャッ

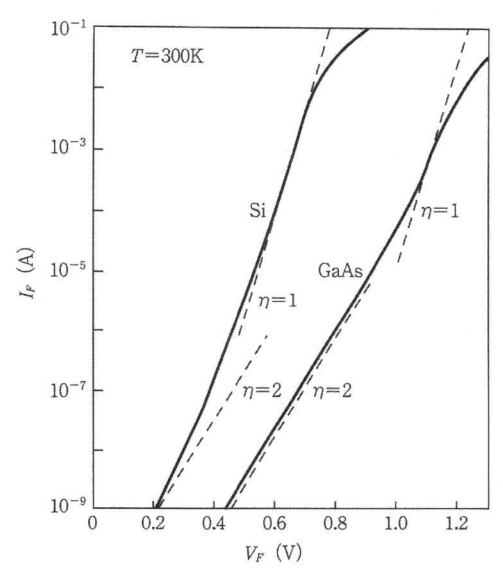

図 4.14 実際のダイオードの電流-電圧特性．$\log I$ vs V の傾斜 η が 2 に近い値になっている[1]．

プ内に欠陥準位のない（金属・半導体間に酸化膜等のない）理想的なダイオードと言える．

引用文献

1) S.M. ジィー著，南日康夫，川辺光央，長谷川文夫訳「半導体デバイス（第2版）」産業図書，2004, p.101, 図 4-19.

練習問題

1) 次の文章の空いている所に適当な語句を入れよ．
   a) p形半導体のフェルミ準位は（ ① ）帯の直ぐ上に，n形半導体の（ ② ）は伝導帯の（ ③ ）にある．p形半導体とn形半導体をくっ付けると，n形半導体の（ ④ ）はp形半導体の正孔より高いエネルギー準位にあるため，下の空いている準位，即ち（ ⑤ ）の所に落ち，n形半導体には電子を放出して（ ⑥ ）にイオン化したドナーにより（ ⑦ ）の空間電荷領域が，p形半導体に

は（⑧）を放出して負にイオン化した（⑨）による空間電荷領域ができる．この空間電荷領域には電子も正孔もいないので，（⑩）領域と呼ばれる．

b) 熱平衡状態のpn接合では，（①）準位が一致している．しかし，伝導帯の底および価電子帯の頂上の電位には，（②）による勾配，即ち電界があり，正孔はp形領域に電子はn形領域に電界により（③）される力が働く．一方，正孔はp形領域からn形領域に，電子はn形領域からp形領域に（④）しようとし，このキャリアの（③）による流れと（④）による流れが釣り合うことにより，電圧が印加されていない，即ち（⑤）ではダイオードに（⑥）は流れない．この空乏領域による電位の変化を（⑦）電位と言う．

2) ポアソンの方程式を解いて，空乏層の電界分布，ポテンシャル分布を求めよ．但し，$N_A \gg N_D$ またはショットキー接合の場合として，空乏層はn形領域のみに延びているものとする．

3) p^+-n接合，ショットキー接合に，$V_R \leq 0$ の電圧が印加された場合，空乏層は絶縁物と同じで，接合容量 C_j がある．単位面積当たりの接合容量 C_j は逆方向電圧 V_R にどのように依存するか？ 但し，$N_A \gg N_D$ とし内蔵電位（拡散電位）は V_{bi} とする．

4) pn接合において，少数キャリアの動きは拡散方程式を解いて求められる．
   a) p形領域に注入される少数キャリア（電子）の密度 $n_p(x_p)$，はp形半導体の熱平衡状態の電子密度 n_{po}，及び印加電圧 V にどのように依存するか？
   b) 拡散方程式の第1項及び第2項はそれぞれ何を意味しているか？
   c) 拡散方程式を解いて少数キャリアの分布が指数関数になること示せ．
   d) 拡散長 D_n, D_p とは何か，また何と何に依存するか？
   e) pn接合に流れる電流は拡散電流で，それは注入された少数キャリアに比例することを証明せよ．

5) 温度 T のpn接合あるいはショットキー接合（ショットキー・バリア・ダイオードとも言う）に，順方向電圧 V を掛けた場合に，ダイオードに流れる電流密度 J はどのように表されるか？ 但し，ボルツマン定数を k，飽和電流密度を J_s とする．

6) pn接合とショットキー接合に流れる電流・電圧特性はほぼ同じ形をしているが，何が一番大きく異なり，どちらが高周波まで動作するか？

第5章

バイポーラ・トランジスタ

　バイポーラ・トランジスタ（Bipolar Transistor：以下 BiTr と略す）は固体で最初に増幅が確認されたデバイスで，1957 年米国のベル電話研究所で発見，発明された．その意味で半導体デバイスの基本であり，IC（集積回路）のほとんどが MOSFET（電界効果トランジスタ）で構成されるようになった現在でも，トランジスタ（MOSFET もトランジスタの一つ）を理解するためにはまず BiTr を勉強することが必要である．

　バイポーラ（bi-polar）とは 2 つの極性，即ち"電子と正孔の両方が動作に関与する"と言う意味である．MOSFET にも n 形領域と p 形領域があるが，動作に関与するのは電子か正孔の一方だけである．したがって，MOSFET は**ユニポーラ**（uni-polar）・デバイスである．因みに 4 章の pn 接合ダイオードはバイポーラ・デバイスであるのに対して，ショットキー接合ダイオードはユニポーラ・デバイスである．

5.1　バイポーラ・トランジスタの動作原理

　BiTr では pn 接合が 2 つ近接して作られている．図 5.1 に示されるように，真ん中のベース領域が p 形であるか n 形であるかによって，n-p-n 型と p-n-p 型の 2 つがあり，バイアス電圧と電流の向きが逆になる．動作時には，一方の pn 接合が順方向に，他方の pn 接合が逆方向にバイアスされる．順方向にバイアスされた pn 接合では，ベース領域に少数キャリア（ベースが p 形の場合は電子，n 形の場合は正孔）を放出（emit）する側の半導体を**エミッタ**（emitter）と呼ぶ．逆方向にバイアスされた pn 接合では，エミッタから放出された少数

キャリアの内，**ベース**領域を通り越して来たものを集める（collect）側の半導体が**コレクタ**である．

エネルギーバンド図は電子に対するポテンシャルエネルギーで描かれているし，一般には正孔より電子の移動度の方が大きいので，通常 BiTr には n-p-n 型が使われる．また，第1章，図1.7 に示したように，トランジスタをダムのモデルで説明する時も，電子を水で模した方が分かり易い．したがって，ここでも動作原理は n-p-n 型 BiTr を中心にして行う．

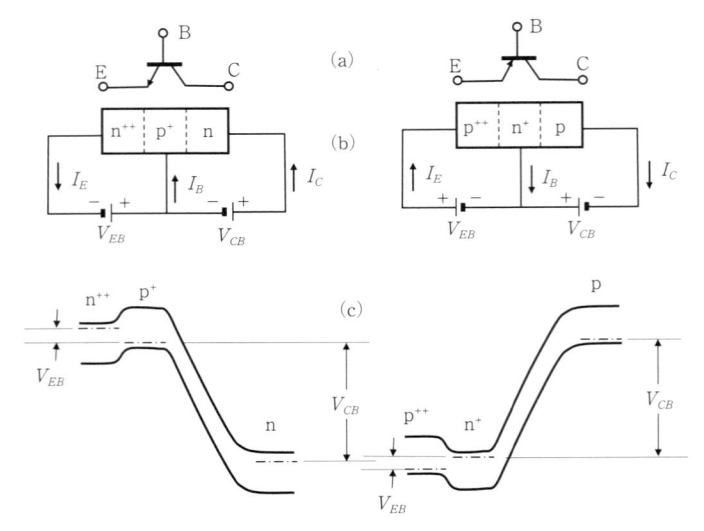

図 5.1 n-p-n および p-n-p BiTr の記号(a)，バイアス電圧・電流の方向(b)とエネルギーバンド図(c)．

図 5.2 は n-p-n 型 BiTr のエネルギーバンド図をより詳しく示したものである．左側の np 接合（一番左がエミッタ：E，真ん中がベース：B，右側はコレクタ：C）が順方向にバイアスされて，n 形エミッタから電子が p 形ベースに注入される．注入された電子（これを少数キャリアと言う）は一部多数キャリアである正孔（ホール）と再結合して消滅するが，ベースの厚さを充分薄くしておくと，ほとんどの電子は右側の逆方向バイアスされた pn 接合に到達し，右側の n 形コレクタに集められる．この様子が図 1.7 で示した，堰を超えた水が滝を流れ落ちるのに似ている．最もダムでは堰のところで水（電子）が漏れ

第 5 章　バイポーラ・トランジスタ

てしまうことはないが……．

　コレクタに流れ込む電子（滝に落ちる水）の量は，堰の高さ，即ち p 形ベースの電位で決まる．即ち，E－B 間の順方向バイアス電圧が大きいほど，堰の高さは低くなってより多くの電子がベース，したがってコレクタに流れ込む．なお，図 5.1(a) に示すように n-p-n 型 BiTr では電流は電子と逆方向，即ちコレクタからエミッタに流れる．

$$n_p(x_p) = N_C \exp\left\{-\frac{[E_C - (E_{fp} + qV_F)]}{kT}\right\} = n_{po}\exp\frac{qV_F}{kT}$$

$$n_{po} = N_C \exp\left\{-\frac{E_C - E_{fp}}{kT}\right\}$$

フェルミ・ディラックの分布

フェルミ準位

擬フェルミ準位

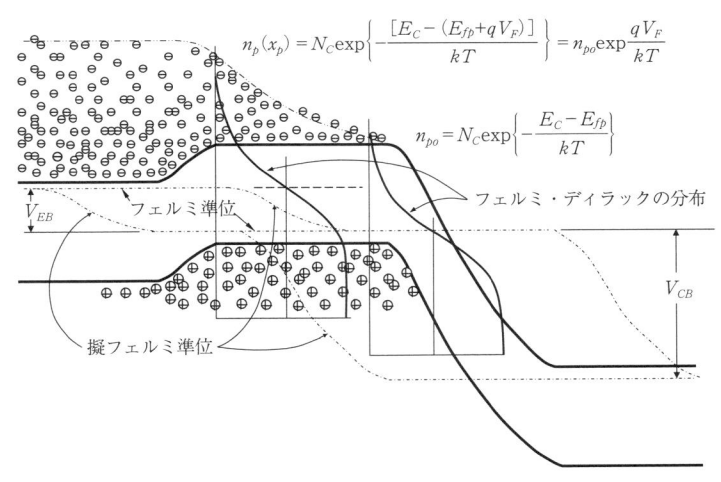

V_{EB}

V_{CB}

図 5.2　n-p-n-BiTr のエミッタからの電子注入の様子とフェルミ・ディラックの分布，擬フェルミ準位．

5.1.1　ベース領域の電子密度分布

　ベース領域には多くの正孔があるので，一般には電界はない（アクセプタ密度に傾斜をつけて電界を作っているトランジスタもある）．4.2.1 項の np 接合の所で述べたように，電界のない所に入ってきた少数キャリアの電子は拡散で流れる．したがって，電子の分布も (4.14) 式の**拡散方程式**を解けば良く，一般解は (4.15) 式になる．ダイオードと異なるのは，境界条件である．ダイオードでは $x = \infty$ で電子密度 n_p は熱平衡状態の電子密度 n_{po} になるとしたが $\{n_p(\infty) = n_{po}\}$，図 5.2 に示す BiTr ではベースの右端（$x = W$；W はベース幅）で電子密度 n_p はほとんどゼロになる $\{n_p(W) \fallingdotseq 0\}$．2 つ目の境界条件はダイオードの場合と同じ (4.16) 式になる．これらの境界条件で (4.15) 式を解く事が

できるが，複雑になるのでここでは結果だけを示す．

図5.3は拡散長 $L_n = \sqrt{D_n \tau_n}$ が $10\mu m$ の場合の，ベース幅 W をパラメータとしたベース中の電子密度分布を示したものである．$W \gg 100\mu m$ では（4.18）式に示すダイオードの場合とほとんど同じように，電子密度は指数関数的に減少する．しかし $W = 20\mu m$ になると指数関数から少しずれて来て，$W = 10\mu m = L_n$（拡散長）になると，電子密度分布は直線に近くなる．実際の BiTr では $W < 0.1 L_n$ であるので電子密度分布はほとんど直線と考えて良い．したがって，エミッタからベースに注入される電子電流密度 J_{En}（トランジスタに流れるコレクタ電流密度に近い）は次式のようになる．

$$J_{En} \cong qD_n \frac{n_{po} \exp(qV_{EB}/kT)}{W} \tag{5.1}$$

ここでもちろん D_n は電子の拡散定数，n_{po} は p 形ベースの熱平衡状態の電子密度，V_{EB} はエミッタ・ベース間の順方向バイアス電圧である．$n_p(0) = n_{po} \exp \dfrac{qV_{EB}}{kT}$ はエミッタからベースに注入された電子密度で，実際には図5.4に示すように，エミッタの電子密度に比べると数桁少ない．ベース・コレクタ間は逆方向バイアスされているので，図5.4に示すように空乏層の端で，n 形コレクタの電子密度も正孔密度も熱平衡状態の値よりずっと少なく，ゼロに近くなっていることに注意されたい．

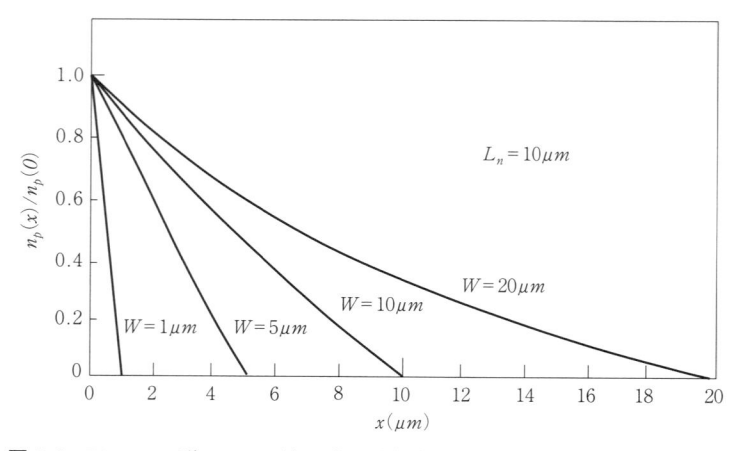

図5.3 BiTr の p 形ベースに流れ込んだ少数キャリアの分布のベース幅依存性．

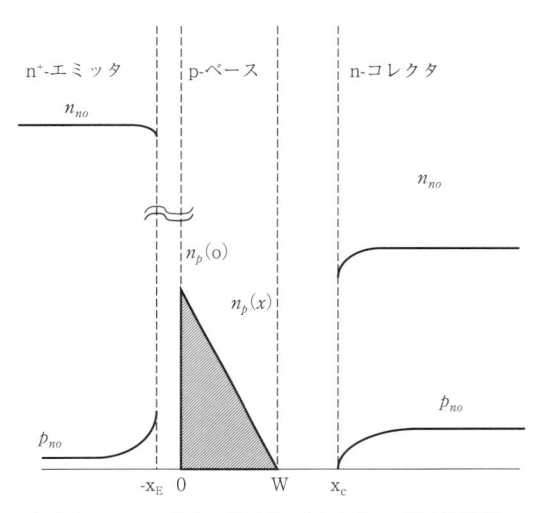

図5.4 n–p–n–BiTrのE, B, C中のキャリアの分布.

5.1.2 エミッタ効率，到達率，端子電流
(a) エミッタ効率

図5.2のトランジスタの動作原理図から分かるように，エミッタ・ベース間に順方向バイアスを加えた場合，当然n形エミッタからp形ベースへの電子の注入だけではなく，p形ベースからn形エミッタへの正孔の注入も考えられる．しかしながら，p形ベースからn形エミッタへ注入される正孔は，コレクタ電流にはならないのでn-p-n型BiTrの動作に寄与することはできない．したがって，ベースからの正孔の注入はできるだけ少なくすることが必要である．エミッタ電流I_E（エミッタ電流密度J_Eにトランジスタの断面積を掛けたもの）の内，電子電流I_{En}がどれぐらいかを表す値γをエミッタ効率と言う．

$$\gamma = \frac{I_{En}}{I_E} = \frac{I_{En}}{I_{En}+I_{Ep}} \tag{5.2}$$

ここでI_{Ep}は正孔によるエミッタ電流である．

エミッタ効率γは（5.2）式から分かるように，必ず1より小さいが，できるだけ1に近い値であることが必要である．即ち，上述のようにp形ベースからn形エミッタへの正孔の注入をできるだけ抑えなければならない．一般には，エミッタの電子密度をベースの正孔密度より100倍以上に多くして，同

じ順方向バイアス電圧でも n 形エミッタから p 形ベースへの電子の注入を，p 形ベースから n 形エミッタへの正孔の注入の 100 倍以上にしている．その結果エミッタ効率 γ は $\gamma > 0.99$ になる．

(b) ベース到達率

トランジスタが正常に動作するためには，ベースに注入された少数キャリア（図5.2では電子）は，できるだけ多くコレクタに到達することが必要である．エミッタからベースに注入された電子電流 I_{En} の内，コレクタに到達する電子電流 I_{Cn} の割合を，ベース到達率 α_T という．

$$\alpha_T = \frac{I_{Cn}}{I_{En}} \tag{5.3}$$

図5.3のベース中での電子密度分布と電子電流が拡散で流れていることから分かるように，α_T は電子密度分布のコレクタ端とエミッタ端の傾斜の比である．したがって，ベース幅が小さくなって，電子密度分布が直線になる程1に近づくが1を超えることはない．通常，$1.0 > \alpha_T > 0.995$ である．

(c) トランジスタの3端子に流れる電流

上述の結果から，BiTr に流れる電流の全体構成は図5.5のようになる．トランジスタは3端子デバイスであるが，正常に動作するトランジスタでは，エミッタ電流 I_E の99%以上がコレクタ電流 I_C になり，ベース電流 I_B はトランジスタに流れる電流の1%以下である．ベース電流 I_B の構成は，ベース中で正孔と再結合して消滅する電子によるもの，エミッタに注入される正孔電流によるもの，B-C間の逆方向バイアスに流れる飽和電流の3つであるが，いずれも非常に少ない．

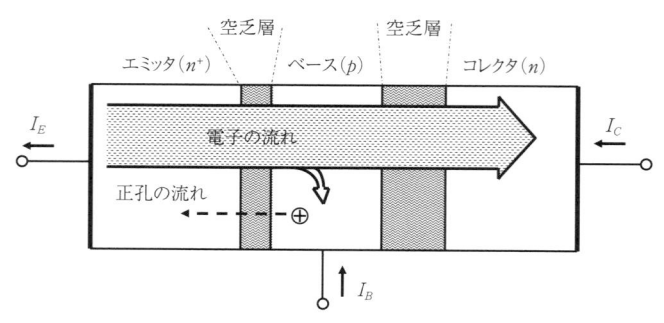

図5.5 エミッタ，コレクタ，ベースに流れるキャリアと電流．

第5章 バイポーラ・トランジスタ

各端子の電流 I_E, I_C, I_B の関係は次のようになる．

$$\begin{aligned} I_E &= I_{En} + I_{Ep} \\ &= I_B + I_C \end{aligned} \tag{5.4}$$

ベース電流は非常に少ないが，これはベースの電位（ダムのモデルでは堰の高さ）を変化させるために使われるものである．したがって，次節で述べるようにベースに入力信号を入れることで，大きな電流増幅率を得ることができる．

5.2 ベース接地，エミッタ接地

バイポーラ・トランジスタ（BiTr）はどの端子を接地するかによって，増幅特性に大きな違いが生ずる．これはベース電流が本質的にエミッタ電流（≒コレクタ電流）に比べて遙かに小さいのが原因である．

5.2.1 ベース接地

ベース接地は図 5.6(a) に示すように，文字通りベースを接地し，エミッタに入力信号を入れ，コレクタ側から出力を取り出す構成である．4端子網回路で考えるとベースが入出力の共通端子になっているので，英語では common base configuration という．

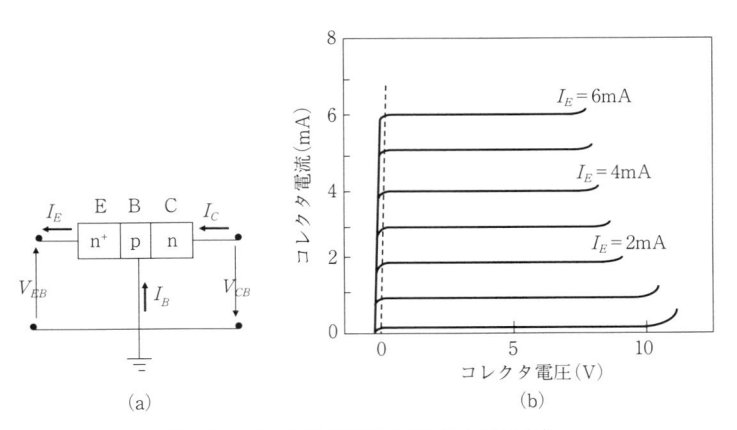

図 5.6 ベース接地回路(a)と出力特性(b)．

入力電流（エミッタ電流 I_E）をパラメータとした，コレクタ電流 I_C とコレクタ電圧 V_C の関係（これを**出力特性**と言う）は図 5.6(b) のようになる．エミッタ電流 I_E とコレクタ電流 I_C はほとんど同じであるから，電流に関しては増幅は行われない．**ベース接地電流利得（電流増幅率）** α_o は次のように定義される（サフィックスにゼロが付いているのは直流あるいは低周波での値と言う意味）．

$$\alpha_o = コレクタ電流 / エミッタ電流$$
$$= I_C / I_E = \gamma \alpha_T \tag{5.5}$$

通常 $0.99 < \alpha_o < 1$，即ち，入力電流が増幅されることはない．したがって，特殊な場合を除いて BiTr がこのような構成で使われることは少ない．

図 5.6(b) の出力特性で注意すべき事は，ベース接地の場合コレクタ電圧 V_{CB} がゼロでもコレクタ電流 I_C が流れることである．これは図 5.7 のバンドを見れば分かるように，コレクタ電圧 V_{CB} がゼロでも，ベースのコレクタ端の電子密度は n_{po} に保たれるので，エミッタから注入された電子のほとんどがコレクタに到達するためである．

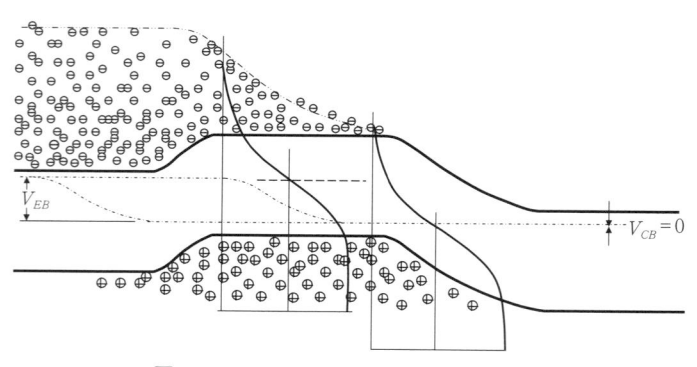

図 5.7 $V_{CB}=0$ の時のエネルギーバンド図．

5.2.2 エミッタ接地

エミッタ接地は図 5.8(a) に示すように，文字通りエミッタを接地し，ベースに入力信号を入れ，コレクタ側から出力を取り出す構成である．4 端子網回路で考えるとエミッタが入出力の共通端子になっているので，英語では common emitter configuration という．

第5章 バイポーラ・トランジスタ

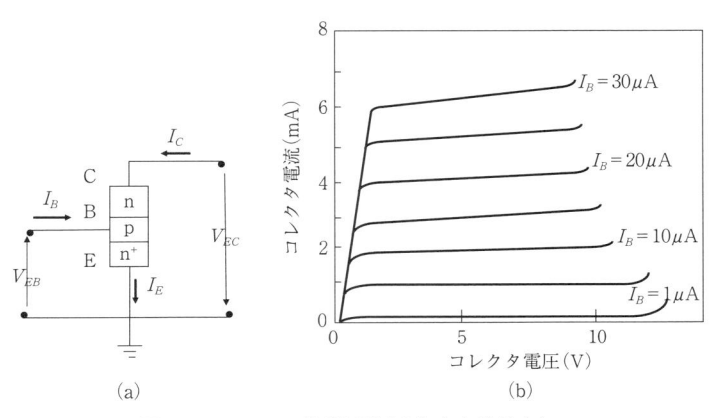

図 5.8 エミッタ接地回路(a)と出力特性(b).

入力電流（ベース電流 I_B）をパラメータとした，コレクタ電流 I_C とコレクタ電圧 V_C の関係（出力特性）は図5.8(b)のようになる．ベース電流 I_B はエミッタ電流 I_E（≒コレクタ電流 I_C）より遙かに小さいので，入力電流は増幅されてコレクタ端に現れる．**エミッタ接地電流利得（電流増幅率）** β_o は次のように定義される．

$\beta_o =$ コレクタ電流 / ベース電流 $= I_C / I_B$

ベース接地電流利得（電流増幅率）α_o との関係は次のように求まる．

$I_B = I_E - I_C$

$I_C = \alpha_o I_E$

$I_C = \alpha_o (I_B + I_C)$

$I_C (1 - \alpha_o) = \alpha_o I_B$

$I_C = \dfrac{\alpha_o}{1 - \alpha_o} I_B$

即ち，エミッタ接地電流利得 β_o は

$$\beta_o = \frac{\Delta I_C}{\Delta I_B} = \frac{\alpha_o}{1 - \alpha_o} \tag{5.6}$$

したがって，$\alpha_o = 0.99$ の場合には $\beta_o = 99$，約 100，$\alpha_o = 0.998$ では $\beta_o = 449$，約 500 となる．最近の BiTr ではほとんどのもので $\beta_o = 400 \sim 500$ が得られている．即ち，入力電流は 400～500 倍に増幅される．またベース電流 I_B は I_E，I_C

の 1/100 以下だから，ベース接地に比べて入力インピーダンスも高くなる．更に後述するようにもちろん電圧も増幅されるので，ほとんどのアナログ増幅器はこのエミッタ接地を使っている．

5.3 小信号動作としゃ断周波数

バイポーラ・トランジスタ（BiTr）を増幅器などに使う場合は，BiTr には適当な直流バイアス電圧，電流が加えられていて，そこに小さな信号が入ってくる．そして入ってくる信号の周波数が高くなると，トランジスタの増幅率がだんだん低くなり，最終的には増幅が行われなくなる．この周波数をしゃ断周波数という．

5.3.1 小信号動作

小信号とは交流成分のピーク値が直流成分より小さいものである．

$$v_{EB} = V_{EB} + \tilde{v}_{EB}$$
$$i_B = I_B + \tilde{i}_B$$
$$i_C = I_C + \tilde{i}_C$$
$$v_{CB} = V_{CB} + \tilde{v}_{CB}$$

図 5.9(a) のエミッタ接地 BiTr 増幅回路に，小さな信号が入った場合の動作を，図 5.9(b)(c) に示す．図 5.9(b) はベース・エミッタ（B−E）間の電圧 V_{BE} とベース電流 I_B の関係を示したものである．B−E 間は pn 接合であるから，(4.20) 式に示したように順方向バイアス電圧 V_{BE} に対してエミッタ電流 I_E が指数関数的に増大する．ベース電流 I_B はエミッタ電流 I_E の 1/100 以下であるが，エミッタ電流 I_E に比例するので，これも指数関数的に増大する．図 5.9(c) は Tr の出力特性であるが，電源電圧を 20V，直流バイアス電圧 10V，直流バイアス電流 4mA のところで動作させることを考えよう．直流バイアス電流 4mA にするためには，図 5.9(c) の出力特性からベースバイアス電流 $20\mu A$ が必要だから，図 5.9(b) に於いて B−E 間の電圧 V_{BE} は約 0.7V にすることが必要である．

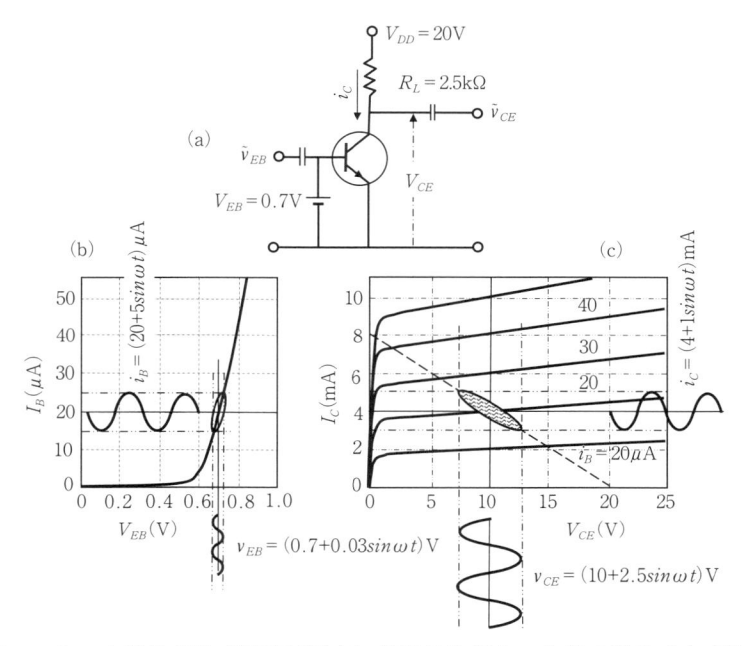

図 5.9 エミッタ接地 BiTr 増幅回路(a)に交流信号が入った時の動作点と交流信号. (b)エミッタ・ベース間の電流電圧特性, (c)トランジスタの動作点と交流振幅.

今ここに交流振幅 0.03V の信号が入ってくるとベース端子の電圧は $v_B = (0.7 + 0.03 sin\omega t)$V ($\omega$：角周波数, t：時間) のように変化する. そうするとベース電流は $i_B = (20 + 5 sin\omega t)\mu$A のように変化し, 図 5.9(c) の出力特性からコレクタ電流は $i_C = (4 + 1 sin\omega t)$mA と変化する. 図 5.9(a) のコレクタ側の負荷抵抗を 2.5kΩ とするとコレクタ電圧は $v_C = (10 + 2.5 sin\omega t)$V のように変化する. 即ち, 交流電流は 200 倍に, 交流電圧は約 80 倍に, 交流電力は約 16,000 倍に増幅されることになる.

5.3.2 しゃ断周波数

信号周波数が低くて, コレクタ電流が例えば 4mA から 5mA にゆっくり増加したとすると, ベース内の電子密度分布の傾斜は図 5.10 に示すように約 5/4 倍に増える. しかし周波数がだんだん高くなると, 図 5.11 に示すように

ベースに注入された電子がコレクタ端に到達して，傾斜がチャンと5/4倍に増えないうちに，次の信号が入ってくるようになる．そうするとだんだん増幅が行われないようになる．図5.9から分かるように，エミッタ接地では電流が増幅されないと電圧も電力も増幅されないから（ベース接地では電流が増幅されなくても，電圧，電力は増幅される），横軸に周波数，縦軸に交流の電流増幅率 α, β を取ると（α_o, β_o は直流又は低周波での電流増幅率）図5.12のようになる．即ち，交流の電流増幅率は周波数に逆比例して減少する．トランジスタがどの周波数まで動作するかを示すしゃ断周波数には色々な定義の仕方があるが，一般にはエミッタ接地電流利得 β が1なる周波数（即ち電流増幅が行われなくなる周波数）を**しゃ断周波数** f_T と言っている．

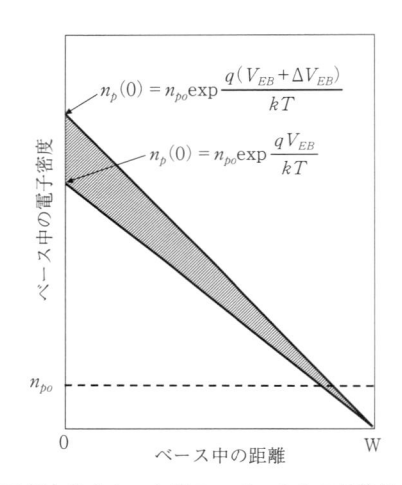

図5.10 入力電圧が大きくなった時の，ベース中の最終的な電子密度の分布．

図5.11に於いて，入力電圧が増加したために増加した注入電子密度の波は，拡散によってコレクタ側に伝わっていく．その速度は $D_n \dfrac{\Delta n_p(0)}{W}$ （D_n は拡散係数，$\Delta n_p(0)$ はベースのエミッタ端での注入キャリアの増加分，W はベース幅）となる．したがって，信号がエミッタ端からコレクタ端に伝わる時間 τ_B は（5.6）式のようになる．

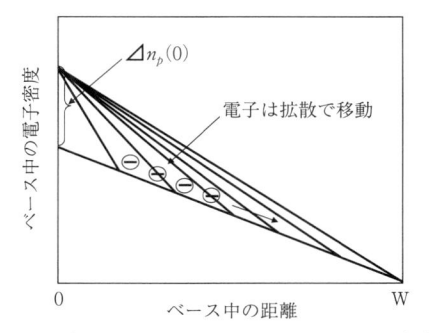

図 5.11 入力電圧が大きくなった時の，ベース中の電子密度の過渡的変化．

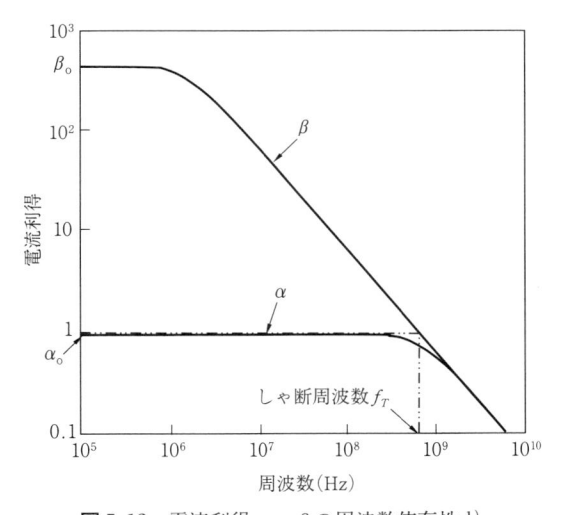

図 5.12 電流利得 α，β の周波数依存性 [1]．

$$\tau_B = \frac{W}{D_n \dfrac{\Delta n_p(0)}{W}} = \frac{W^2}{D_n \Delta n_p(0)} \tag{5.7}$$

しゃ断周波数は τ_B に逆比例するので，しゃ断周波数はベース幅 W の2乗に逆比例して高くなる．

　実際の増幅回路では，信号が反射しないように入出力回路のインピーダンスを整合するので，電力増幅が起こる最大周波数 f_{max}（電力増幅が起これば

フィードバックを掛けて発振させることができるので，これを**最大発振周波数**と言う）はベース抵抗 R_B やベース・コレクタ間容量に依存して下記のようになる．

$$f_{max} = \left(\frac{f_T}{8\pi R_B C_{BC}}\right)^{\frac{1}{2}} \tag{5.8}$$

しゃ断周波数を高めるためには（5.7）式に示すようにベース幅 W はできるだけ小さい方が良いが，そうするとベース抵抗が高くなり，図5.13(a) に示すように，信号が充分にエミッタの中心に伝わらなくなり，交流信号電流は図5.13(b) のようにエミッタの縁にしか流れなくなる．これを少しでも少なくするために，BiTr は通常図5.14に示すようなストライプ構造に作られる．

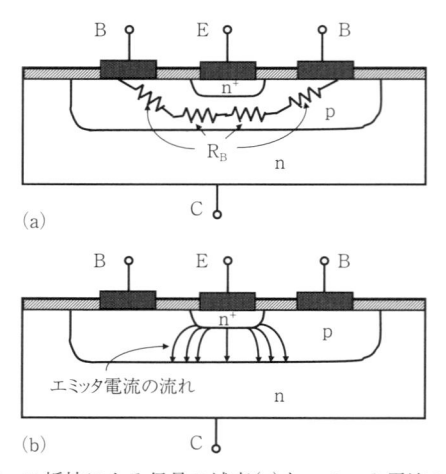

図5.13 ベース抵抗による信号の減衰(a)とエミッタ電流の縁集中(b)

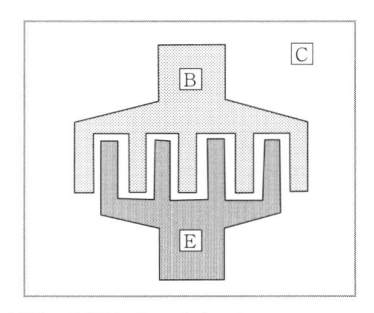

図5.14 ベース抵抗の影響を少なくするための，ストライプ構造 BiTr．

引用文献

1) S.M. ジィー著，南日康夫，川辺光央，長谷川文夫訳「半導体デバイス（第2版）」産業図書，2004，p.133，図5-14．

練習問題

1) エミッタ・ベース間に順方向電圧 V_{EB}，コレクタ・ベース間に逆方向電圧 V_{CB} が印加されている場合の n$^+$-p-n 型バイポーラ・トランジスタのエネルギーバンド図を描き，フェルミ準位の位置を点線で，印加電圧に相当するエネルギー差を縦の棒線と矢印で示せ．
2) 少数キャリアの分布と端子電流に関連して次の問いに答えよ．
    a) n$^+$-p ダイオードの少数キャリア密度の分布 $n(x)$ も，n$^+$-p-n 型トランジスタのベース中の少数キャリア密度 $n(x)$ の分布も，次のような拡散方程式を解いて求められる．

    $$\frac{d^2 n_p}{dx^2} - \frac{n_p - n_{po}}{D_n \tau_n} = 0 \qquad \text{4章 (4.14) 式}$$

    イ) ここで D_n，τ_n，n_{po} はそれぞれどの様な量か簡単に説明せよ．
    ロ) 上式の第一項と第二項の物理的意味を説明せよ．
    ハ) 拡散長 L_n は上記の記号でどの様に表され，どの様な量か？
    ニ) ベース幅 W_B が拡散長 L_n に比べ充分大きい場合，同程度の場合，充分小さい場合の，ベース中の注入少数キャリア（電子）密度分布 $n(x)$ の概略図を描け．

b) ベース接地，エミッタ接地の電流利得について次の問に答えよ．
  イ) エミッタ電流 I_E，コレクタ電流 I_C，ベース電流 I_B の関係を示せ．
  ロ) ベース接地直流電流利得 α_o とはどのような量で通常いくら位か？
  ハ) エミッタ接地電流利得 β_o とはどのような量で通常いくら位か？
  ニ) エミッタ効率 γ とはどのような量で通常いくら位か？
  ホ) ベース到達率 α_T とはどのような量で通常いくら位か？
  ヘ) α_o, γ, α_T の関係を示せ．
  ト) エミッタ接地直流電流利得 β_o とベース接地直流電流利得 α_o との関係を求めよ．
3) バイポーラ・トランジスタの特性について次の問に答えよ．
  イ) 小信号とはどのような信号の事か？
  ロ) しゃ断周波数 f_T はどのように定義されるか？
  ハ) ベース幅 W としゃ断周波数 f_T との関係はどのように表されるか？
  ニ) 最大発振周波数 f_{max} とはどのような量か？

第6章

MOSFET

MOSFET は Metal Oxide Semiconductor Field Effect Transistor の頭文字を取ったもので，日本語では金属・酸化物・半導体電界効果トランジスタと言う．半導体としては Si しか実用化されておらず，酸化物は SiO_2 である．Ge や GaAs では実用的な MOSFET は作られていない．製作が容易で，低消費電力，高集積化できるため，現在電子機器に使われている半導体デバイスの 95％以上が MOSFET あるいはその集積回路であり，その意味で MOSFET は最も重要な半導体デバイスである．MOSFET は MOS ダイオードに隣接して 2つの pn 接合が作られているデバイスであり，MOS ダイオードはその心臓部と言える．したがって，ここではまず MOS ダイオードについて学ぶ．

6.1 MOS ダイオード

図6.1に MOS ダイオードの構造を示す．ここでは半導体基板を基準にし，金属電極（MOSFET を見越してゲート電極と言うことが多い）に正，負の電圧を加えた場合に，半導体表面のエネルギーバンドがどのように変化し，どのような電荷が誘起されるかを考える．

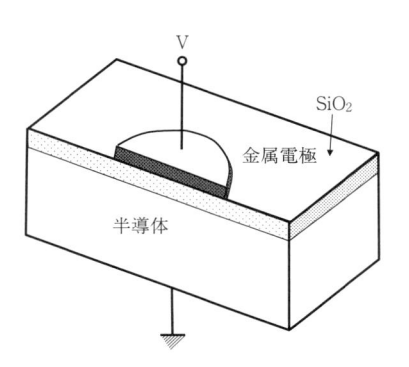

図 6.1 MOS ダイオードの構造．

6.1.1 理想的 MOS ダイオードの動作
(a) 理想的 MOS ダイオードの仮定

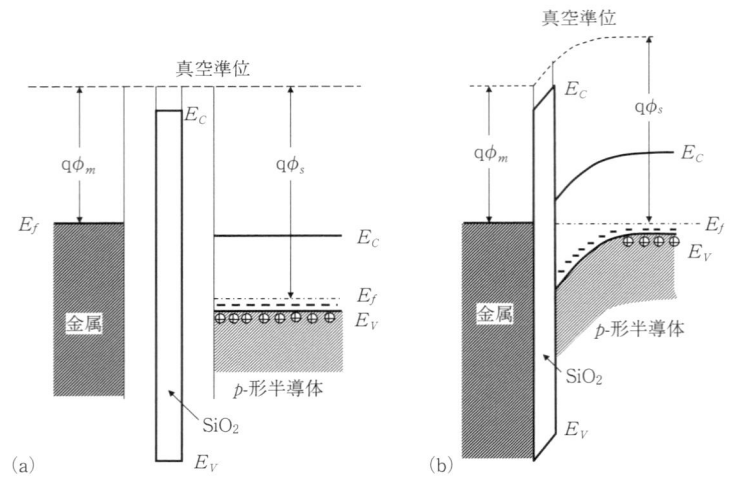

M（金属）O（酸化膜）S（半導体；Si）が独立にある場合のエネルギーバンド図を図 6.2(a) に示す．金属では真空準位とフェルミ準位とのエネルギー差である**仕事関数** $q\phi_m$ が金属で決まる（例えば Al：4.28eV，Pt：5.65eV 等）．一方，半導体では，p 形か n 形かによってフェルミ準位の位置が異なるので，当然仕事関数 $q\phi_s$ も異なってくる．半導体および絶縁体では伝導帯の底や価電子帯の頂上のエネルギー準位が半導体固有である．なぜならこれらは本来，例えば Si 原子の 3s，とか 3p と言う軌道電子エネルギーから出て来たものであるからである．したがって，半導体および絶縁体では真空準位と伝導帯の底のエネルギー差である**電子親和力** $q\chi$（真空中で半導体が電子と結合する際に放出されるエネルギー）が半導体，絶縁体固有の値である（Si で 4.05eV，SiO_2 で 0.9eV 等）．

図 6.2 仕事関数の異なった金属，酸化膜，p 形半導体を接触させる前(a)と接触後(b)．

一般には，金属と半導体では仕事関数が異なる．金属と酸化膜と半導体が接触すると，間に絶縁物である酸化膜があっても，熱平衡状態（無限時間が経った状態）では水面と同じようなフェルミ準位は，図 6.2(b) に示すように一致

しなければならない．そうすると，図 6.2(b) に示されるように，電圧を掛けていないにもかかわらず，半導体のエネルギーバンド図が曲がってしまう．これだと金属，半導体間に電圧を掛けた場合の議論をしづらいので，ここではまず図 6.3 に示すような理想的な MOS ダイオードを仮定して議論をする．

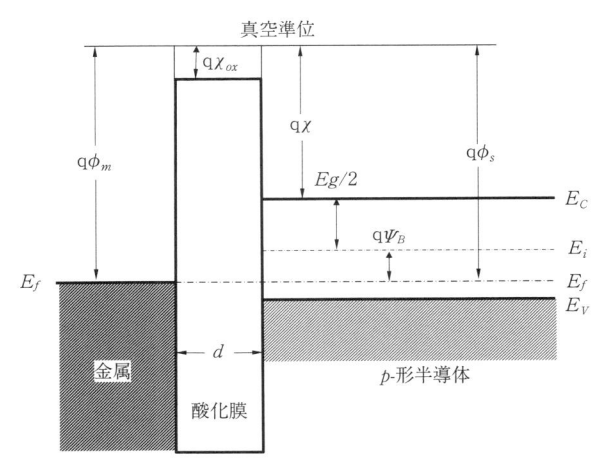

図 6.3 理想的 MOS ダイオードのエネルギーバンド図.

理想的な MOS ダイオードの仮定は以下の 3 つである．
1) $q\phi_{ms} = q\phi_m - q\phi_s = 0$，即ち，金属と半導体の仕事関数差はない．
   通常は $q\phi_m \neq q\phi_s$ 即ち，仕事関数差はある．
2) 酸化膜中には電荷はない．
   実際には酸化膜中の欠陥に捕らえられた固定電荷や Na^+ などの可動イオンがある．
3) 酸化膜には電流が流れない．
   これは実際のダイードでもほぼ成り立つ．

なお，半導体，酸化膜では電子親和力が固有の値であるから，$(q\chi - q\chi_{ox})$，$(q\phi_m - q\chi_{ox})$——χ_{ox} は酸化膜の電子親和力——も物質固有で印加電圧に依存しない．

(b) 蓄積，空乏，反転

コンデンサ（容量）C に電圧 V が加わると，電極に電荷 $Q = CV$ が誘起され

る．この場合，電圧の正負によって誘起される電荷の正負が変わるだけで，本質的な状況は変わらない．しかし，図 6.3 に示すような MOS ダイオード（コンデンサ）のように片側の電極が半導体になると，p 形と n 形があるので話は複雑になる．

p 形半導体に酸化膜と金属電極がついている MOS ダイオードの電極（ゲート電極）に，半導体に対して V_G なる電圧を印加した場合を考えよう．直流電流は流れないから半導体は熱平衡状態であり，したがって，フェルミ準位は平らになる．M-O-S で容量を構成しているので，ゲート電極から出た電気力線がキャリアを基板表面に引き寄せたり，押しのけたりする．電極が金属の場合は，電子が集められたり，押しやられて結果的に表面が正に帯電したりすることができる．ところが p 形半導体には正孔しかいないので，負の電荷を電極（半導体）の表面に集めることができない．その結果以下に述べるように，蓄積，空乏，反転と言う状態が生ずる．

(1) **蓄積**：$V_G<0$ の場合――図 6.4(a)

静電誘導で半導体表面には正の電荷が集められなければならないが，p 形半導体のキャリアは正孔であるので，正孔が半導体表面に集められる．これを**蓄積**（accumulation）と言う．

(2) **空乏**：$V_G>0$ の場合――図 6.4(b)

静電誘導で電極には正の電荷，半導体には負の電荷が誘起されなければならない．しかし半導体は p 形であるから，動けるキャリアは正孔しかいない．正孔は元々電子をアクセプタに与えて正の電荷を持っているので，静電誘導で正孔が奥に押しやられると，半導体表面付近には電子を捕らえて負に帯電したアクセプタが残る．

この負の電荷はアクセプタに固定されていて動けないので，図 6.4(b) の右側に示されているような負の空間電荷領域ができ，エネルギーバンドが曲がる．これは pn 接合の空乏領域と同じなので，この状態を**空乏**（depletion）と言う．なお，英語には同じような発音に聞こえる depression と言う単語があるが，こちらは意気消沈，不景気と言う意味なので注意する必要がある．

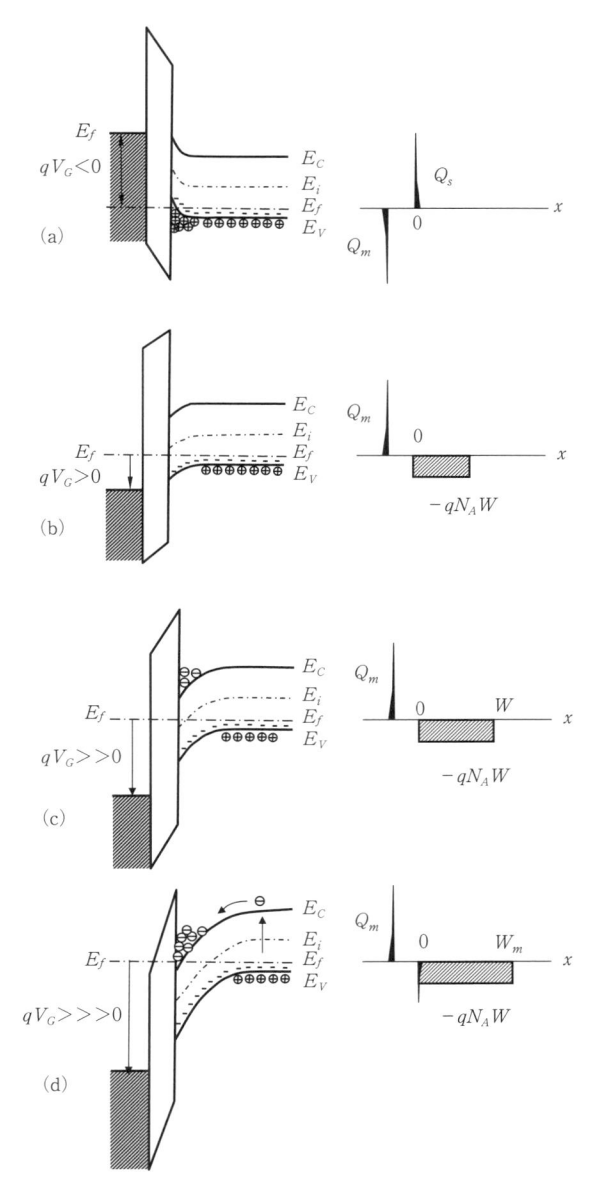

図 6.4　エネルギーバンド図と空間電荷の分布．(a)蓄積，(b)空乏，(c)弱い反転，(d)強い反転．

(3) **弱い反転**：$V_G \gg 0$ の場合——図 6.4(c)

電極に印加されている正の電圧が更に大きくなると，エネルギーバンドが更に曲がるが，フェルミ準位は平らである．したがって，図 6.4(c) に示すように，半導体表面でフェルミ準位が，バンドギャップの中心近くの，破線で示されている，真性フェルミ準位より上になる．これは表面での電子密度が正孔密度より多いことを意味しており，元々 p 形半導体であったにもかかわらず，表面では n 形半導体になっていることを意味している．したがってこの状態を**反転**（inversion）と言う．

伝導帯の電子がどこから来たかと言うと，p 形半導体でも伝導帯にわずかに電子があり，これが表面に集められるのである．持ち去られたところの電子は，フェルミ・ディラックの統計を満足するように，価電子帯から熱（格子振動）により励起される．

なおこの弱い反転では，表面の電子密度は正孔密度より多くなるが，図 6.4(c) の右側の空間電荷分布に示すように，イオン化したアクセプタ密度（これは p 形半導体の熱平衡状態の正孔密度 p_{po} にほぼ等しい）より小さい．

(4) **強い反転**：$V_G \ggg 0$ の場合——図 6.4(d)

電極に印加されている正の電圧が更に大きくなると，エネルギーバンドが更に曲がり，図 6.4(d) に示すように，フェルミ準位が伝導帯の底に近くなり，半導体表面での電子密度が p 形半導体の熱平衡状態の正孔密度 p_{po}（～アクセプタ密度）より大きくなる．この状態を**強い反転**と言い，通常の MOSFET はこの状態で動作する．

強い反転の起こり始める電圧を**しきい値電圧** V_T と言い，MOSFET でドレイン電流の流れ始めるゲート電圧に対応する．

6.1.2 酸化膜・半導体界面のキャリア密度としきい値電圧
(a) 電界分布と静電ポテンシャル分布

空間電荷があれば，ガウスの法則によって電界ができ，それを積分すれば電位分布が求まるのは，pn 接合の場合と同じである．図 6.5(a1)(b1)(c1) に空乏，弱い反転，強い反転の空間電荷の分布を示す．半導体中には $-qN_A$ の空間電荷があるから，半導体中の電界分布 $E(x)$，静電ポテンシャル分布 $\Psi(x)$ を求

めるには，4章（4.3）式のポアソンの方程式を解けばよい．

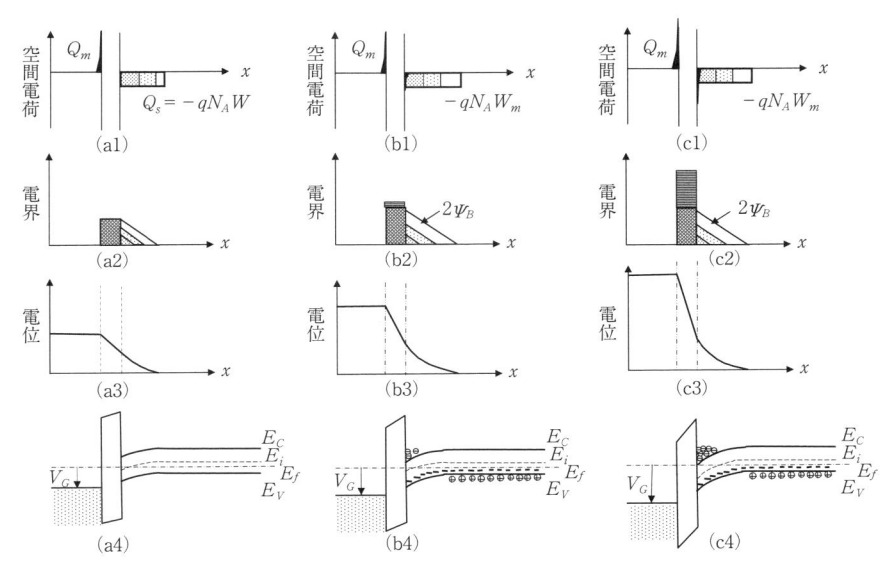

図 6.5 空乏(a)，弱い反転(b)，強い反転(c) の，空間電荷分布(a1, b1, c1) と電界分布 (a2, b2, c2)，静電ポテンシャル（電位）分布(a3, b3, c3)，エネルギーバンド図 (a4, b4, c4) の関係．

$$\frac{d^2\Psi(x)}{dx^2} = -\frac{dE}{dx} = -\frac{\rho(x)}{\varepsilon_s} = \frac{q}{\varepsilon_s}N_A \qquad \text{for } 0<x<W \qquad (6.1)$$

ここで，W は空乏層の幅，$\rho(x)$ は空間電荷分布である．これを積分すると(4.4)(4.5)式と同じように電界分布 $E(x)$，が求まる．

$$E(x) = -\int \frac{qN_A}{\varepsilon_s}dx = -\frac{qN_A}{\varepsilon_s}x + C \qquad \text{for } 0<x<W \qquad (6.2)$$

空乏領域の端 $x=W$ で $E=0$ の境界条件を入れると，$C=\dfrac{qN_A}{\varepsilon_s}W$ となり，電界分布は次式のようになる．

$$E(x) = \frac{qN_A}{\varepsilon_s}(W-x) \qquad \text{for } 0<x<W \qquad (6.3)$$

これは図 6.5(a2)(b2)(c2) の右側に示すように右下がりの直線である．酸化膜中には空間電荷がないので，電界の変化はないが両側の電荷 $Q_m=|Q_s|$ に

よって電界はある.

$$E(x) = \frac{Q_m}{\varepsilon_{ox}} \qquad \text{for } -d<x<0 \qquad (6.4)$$

金属電極には電界はないので $E=0$. 酸化膜と金属の間で電界が大きく変化しているのは，金属表面のコンデンサの電極側に溜まった電荷 Q_m によるものである.

$$\Delta E = \frac{Q_m}{\varepsilon_m} \qquad (6.5)$$

半導体中の静電ポテンシャル分布は（6.4）式をもう一度積分して次のように求まる.

$$\Psi(x) = \Psi_s \left(1 - \frac{x}{W}\right)^2 \qquad \text{for } 0<x<W \qquad (6.6)$$

$$\Psi_s = \Psi(0) = \frac{qN_A W^2}{2\varepsilon_s} \qquad (6.7)$$

$$\Psi(x) = \Psi_s + \frac{|Q_s|}{\varepsilon_{ox}}|x| \qquad \text{for } -d<x<0 \qquad (6.8)$$

これらは図 6.5(a3)(b3)(c3) に示すようになる．これを電子に対する静電ポテンシャルにするため反転させ，仕事関数と電子親和力の差を入れると，図 6.5(a4)(b4)(c4) に示すようなエネルギーバンド図になる．

(b) 酸化膜・半導体界面のキャリア密度

図 6.6 に反転状態のより詳しいエネルギーバンド図を示す．半導体中のキャリア密度は，2章（2.3）式（2.4）式で表されるが，MOS 構造では p 形が n 形に反転したりするので，真性キャリア密度との比較で表した方が分かり易い．その為図 6.6 のように中性基板領域でのフェルミ準位 E_f と真性フェルミ準位 E_i とのエネルギー差 $q\Psi_B$ を導入する．そうすると金属電極に V_G なる正の電圧が印加された場合の p 形半導体中の x 点での電子密度 $n_p(x)$ は以下のように表される．

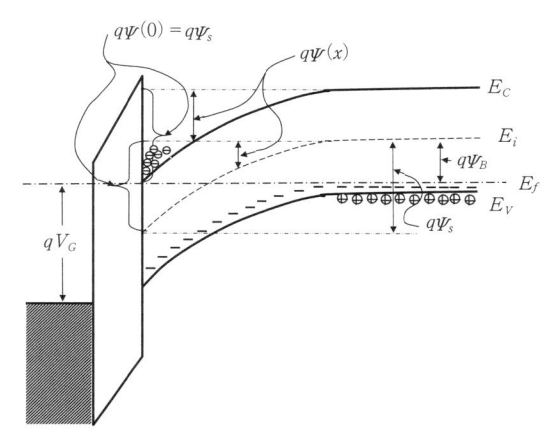

図 6.6 反転状態のより詳しいエネルギーバンド図.

$$\begin{aligned}
n_p(x) &= N_c \exp\left\{-\frac{E_c - E_f}{kT}\right\} \\
&= N_c \exp\left\{-\frac{E_c - E_i + E_i - E_f}{kT}\right\} \\
&= N_c \exp\left\{-\frac{E_c - E_i}{kT}\right\} \exp\left\{-\frac{E_i - E_f}{kT}\right\} \\
&= n_i \exp\left\{-\frac{E_i - E_f}{kT}\right\} \\
&= n_i \exp\frac{q\Psi(x) - q\Psi_B}{kT}
\end{aligned} \quad (6.9)$$

ここで N_C は伝導帯の実効状態密度,E_C は伝導帯の底のエネルギー,$\Psi(x)$ は p 形基板の静電ポテンシャル(電位とも言う)をゼロとした場合の x 点での静電ポテンシャルである.半導体表面の静電ポテンシャルを Ψ_s とすると,(6.9)式から半導体表面の電子密度 n_s および正孔密度 p_s は次のようになる.

$$\begin{aligned}
n_s &= n(x=0) = n_i \exp\frac{(E_f - E_i)}{kT} = n_i \exp\frac{q(\Psi_s - \Psi_B)}{kT} \\
p_s &= p(x=0) = n_i \exp\left\{-\frac{(E_f - E_i)}{kT}\right\} = n_i \exp\left\{-\frac{q(\Psi_s - \Psi_B)}{kT}\right\}
\end{aligned} \quad (6.10)$$

したがって,Ψ_s と Ψ_B の大小関係で,n_s と p_s と n_i の大小関係は次のようになる.

$\Psi_s = 0$ で　$n_s = n_{po},\ p_s = p_{po}$（$\sim N_A$）——フラットバンド

$\Psi_s = \Psi_B$ で　$n_s = p_s = n_i$　——表面は真性半導体に近い

$\Psi_s > \Psi_B$ で　$n_s > n_i > p_s$　——表面は n 型半導体　——弱い反転

$\Psi_s = 2\Psi_B$ で　$n_s = n_i \exp(q\Psi_B/kT) = p_{po} = \sim N_A$　——強い反転

すなわち，ゲート電極に印加される電圧 V_G が正で大きくなると，バンドが曲がり，したがって真性フェルミ準位も一緒に曲がるが，電流は酸化膜に垂直には流れないのでフェルミ準位は一定で，表面でフェルミ準位が真性フェルミ準位と一致すると，表面は真性半導体と同じになる．更に V_G が大きくなり，表面でフェルミ準位が真性フェルミ準位より上になるとn形半導体になり，フェルミ準位が伝導帯の底に近づくと，表面の電子密度 n_s は基板の正孔密度 p_{po} と等しいか，それより大きくなる．この状態を強い反転と言う．

(c)　しきい値電圧 V_T

しきい値電圧（Threshold Voltage）V_T とは MOSFET でドレイン電流の流れ始めるゲート電圧であるが，MOS ダイオードでは強い反転が起こり始める金属電極の電圧（MOSFET を考えて，ゲート電圧と言う場合が多い）で定義される．前項で述べたように，ゲート電圧 V_G の一部しか半導体には掛からず，残りは酸化膜に掛かる．特に強い反転以降の電圧の増加は総て酸化膜に掛かる．このことは図 6.5(c2) の電界分布，図 6.5(c3) のポテンシャル分布を見れば良く分かるが，ここではしきい値電圧 V_T を求めるため数式で示す．

ゲート電圧は酸化膜に掛かる電圧 V_{ox} と半導体に掛かる電圧 Ψ_s の和である．

$$V_G = V_{ox} + \Psi_s \tag{6.11}$$

酸化膜に掛かる電圧は酸化膜中の電界 E_{ox} に厚さ d を掛けたもので，電界 E_{ox} は両端の電荷 $Q_m = |Q_s|$ を酸化膜の誘電率 ε_{ox} で割ったものである．

$$V_{ox} = E_{ox} d = \frac{|Q_s| d}{\varepsilon_{ox}} \equiv \frac{|Q_s|}{C_{ox}} \tag{6.12}$$

ここで C_{ox} は酸化膜の単位面積当たりの容量（キャパシタンス）で $C_{ox} = \varepsilon_{ox}/d$ である．

酸化膜中に空間電荷のない理想的な MOS ダイオードの空間電荷は，図 6.5(c1) に示すように下記の3つである．

p 型半導体が空乏化することによる空間電荷　$-qN_A$　for　$0 < x < W$

反転層に蓄積した電子による電荷　$-Q_n$　at　$x = 0$

ゲート電極上の電荷 　　　　　　　　　　　Q_m　at　$x = -d$

ここで反転層に蓄積した電子は，n形半導体中の電子と異なり対応するドナーがいないので，空間電荷になる．これらはコンデンサの両端の電荷であるから，これらの間には下記の関係がある．

$$Q_m = |Q_s| = |Q_n + qN_A W| \tag{6.13}$$

空乏層の厚さ W はバンドの曲がり方 Ψ_s（半導体に掛かる電圧）に対して，4章 pn 接合の空乏層と同じようにルートで変化し，(4.10)式の pn 接合の静電ポテンシャル（$V_{bi} - V$）の代わりに ψ_s を入れることで求まる．

$$W = \sqrt{\frac{2\varepsilon_s}{q}\frac{(V_{bi} - V)}{N_D}} \quad \Rightarrow \quad W = \sqrt{\frac{2\varepsilon_s \Psi_s}{qN_A}} \tag{6.14}$$

反転層の電荷 Q_n は，反転層の電子密度 n_s に比例し，反転層の実効的厚さを l_i とすると概略下記のように，半導体の曲がり方 Ψ_s（半導体に掛かっている電圧）に対して，指数関数的に増大する．

$$|Q_n| \propto |-qn_s l_i| \propto \exp\frac{q(\Psi_s - \Psi_B)}{kT} \tag{6.15}$$

図 6.5 に示したように，ゲート電圧 V_G が増大すると，(6.14)式に従って空乏層幅 W が増大する．しかし，MOS ダイオードでは直流電流が流れないので，半導体中のフェルミ準位が平らであり，半導体はバンドギャップ（約 $2\Psi_B$）以上に曲がることはできない．即ち，バンドギャップ以上の電圧は半導体には掛からない（MOSFET では後述のように，ドレイン電流が流れるので熱平衡状態にはならず，ドレイン側でバンドギャップ以上の電圧が反転層と基板の間に掛かる）．したがって，空乏層幅 W には最大値 W_m があり，空乏層の空間電荷の最大値も $-qN_A W_m$ になる．W_m は (6.14) 式に於いて Ψ_s の代わりに $2\Psi_B$ を入れることによって求まる．

しきい値電圧 V_T は，バンドがバンドギャップ（約 $2\Psi_B$）分だけ曲がって，酸化膜・半導体界面の電子密度 n_s が基板の正孔密度 $p_{po}(\sim N_A)$ になる時の電圧であるから，次のようになる．

$$V_T = 2\Psi_B + \frac{qN_A W_m}{C_{ox}} = 2\Psi_B + \frac{\sqrt{2\varepsilon_s q N_A (2\Psi_B)}}{C_{ox}} \tag{6.16}$$

ゲート電圧 V_G がしきい値電圧 V_T 以上になると，半導体側の電荷の増加は総て反転層の電荷 Q_n になり，図 6.7 に示すように Q_n はゲート電圧 V_G に比例し

て増大する.
$$|Q_n| = C_{ox}|V_G - V_T| \tag{6.17}$$

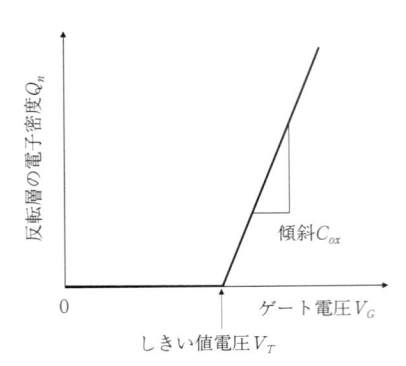

図 6.7 反転層の電荷 Q_n とゲート電圧 V_G の関係. V_T はしきい値電圧.

6.1.3　MOS ダイオードの容量-電圧（C-V）特性

　普通のコンデンサの容量（キャパシタンス）は，直流バイアスが変わっても変化しない．しかしMOSダイオードの容量は，図6.8(a)の挿入図に示すように，酸化膜の容量と半導体の空乏層の容量が直列に接続されたものであり，空乏層の厚さが電圧で変わるので，バイアス電圧で変化する．その上反転層に溜まる電子は，生成・再結合で元々p形半導体の価電子帯から供給されるものであるので，周波数によっても変化する．

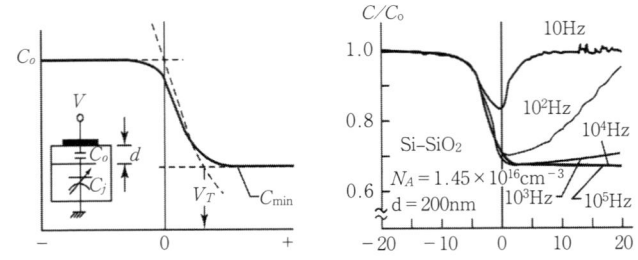

図 6.8　MOSダイオードの容量-電圧特性．(a)モデル図と計算曲線，(b)信号周波数を変えた場合の実験結果[1].

　まず容量とは，$Q = CV$ の式から分かるように，電圧の微小変化 ΔV によっ

て，容量に溜められている電荷ΔQがどれぐらい変化するかを表す値である．容量では誘電体の両端に正負の電荷が溜められるが，その変化する正負の電荷の距離が大きいと，電束密度は同じなので同じ量の電荷を変化させるのに，より大きな電圧（電束密度—電界—に距離を掛けたもの）が必要である．従って単位面積当たりの酸化膜の容量C_{ox}は，高校で習ったように，酸化膜の誘電率ε_{ox}に比例し距離dに反比例する．

$$C_{ox} = \frac{\varepsilon_{ox}}{d} \tag{6.18}$$

半導体内の空乏層容量C_jは，4章（4.11）式と同様に次式のようになる．

$$C_j = \frac{\varepsilon_s}{W} = \frac{\varepsilon_s}{\sqrt{\dfrac{2\varepsilon_s \Psi_s}{qN_A}}} = \sqrt{\frac{\varepsilon_s q N_A}{2\Psi_s}} \tag{6.19}$$

MOSダイオードの容量はこれらを直列に接続したものであるから，次式のようになる．

$$C = \frac{1}{\dfrac{1}{C_{ox}} + \dfrac{1}{C_j}} = \frac{C_{ox} C_j}{C_{ox} + C_j} \tag{6.20}$$

この容量は，ゲート電圧によって以下のような5つの場合に分けて考えられる．

　i）　$V_G < 0$（蓄積）の場合
　　　$W = 0$　$C = C_{ox}$ —— （6.18）式の酸化膜の容量で決まる．
　ii）　$V_G > 0$（空乏，反転）の場合
　　イ）　$V_G < V_T$ 空乏および弱い反転の場合
　　　　$W < W_m$であるので（6.7）（6.11）（6.12）（6.14）（6.20）式から次のようになる．

$$\begin{aligned}
C &= \frac{C_{ox}}{1 + \dfrac{C_{ox}}{C_j}} = \frac{C_{ox}}{1 + C_o \sqrt{\dfrac{2\Psi_s}{\varepsilon_s q N_A}}} = \frac{C_{ox}}{1 + \dfrac{\varepsilon_{ox} W}{\varepsilon_s d}} \\
&= \frac{C_{ox}}{\sqrt{1 + \dfrac{2 C_{ox}^2 V_G}{\varepsilon_s q N_A}}}
\end{aligned} \tag{6.21}$$

即ち，図 6.8(a) の真ん中の点線で示すように，ゲート電圧が大きくなると空乏層容量が減少し，従って全体の容量も減少する．この場合，電圧の変化 ΔV に対応する電荷の変化 ΔQ は図 6.4(c) に示すように空乏層の端で起こる．即ち電荷間の距離は $(d+W)$ である．

ロ) $V_G > V_T$ 強い反転の場合

低周波（約 100Hz 以下）

少数キャリアの発生，再結合が信号に追随するため，ΔQ は反転層で起こる．したがって，$\pm \Delta Q$ 間の距離は図 6.4(d) に示すように d であり，容量は酸化膜の容量になる．$\Rightarrow C = C_{ox}$

高周波（約 1kHz 以上）

少数キャリアの発生，再結合が信号に追随する事ができないため，ΔQ は空乏層の先端で起こり，$\pm \Delta Q$ 間の距離は $(d+W_m)$ になる．

$$C = \frac{C_{ox}}{1+\dfrac{C_{ox}}{C_{jmin}}} = \frac{C_{ox}}{1+\dfrac{\varepsilon_{ox} W_m}{\varepsilon_s d}} \tag{6.22}$$

6.1.4 理想的な MOS ダイオードからのずれ

以上は図 6.3 に示すような理想的な MOS ダイオードについて議論してきた．しかし，実際の MOS ダイオードでは 2 つの仮定が成り立たない．即ち，金属と半導体の仕事関数は図 6.2 に示したように一般には一致しない．その為，図 6.2(b) に示すようにゼロバイアスでバンドが曲がってしまう．これを平らにするためには（これをフラットバンド状態と言う），仕事関数差分のバイアス電圧を掛けなければならない．

もう一つの仮定，「酸化膜中には空間電荷がない」と言う仮定も成り立たず，実際の MOS ダイオードでは界面トラップや酸化膜中に電荷がある．これがどのように影響するかを，図 6.9(a1) のように酸化膜中に正の電荷がある場合で考えよう．MOS ダイオード中の電荷は全体でゼロにならなければならないので，この正の電荷によってゲート電極にも半導体中にも負の電荷が誘起される．これは言い換えれば，酸化膜中の正の電荷から出た電気力線がどこかに終端しなければならないと言うことである．どちら側により沢山の負電荷が誘起されるかは，正の電荷とゲート電極間，正の電荷と半導体間の容量によって決

まる．正の電荷から見れば並列に容量があることになり，容量の多い方にそれだけ多くの負電荷ができる．

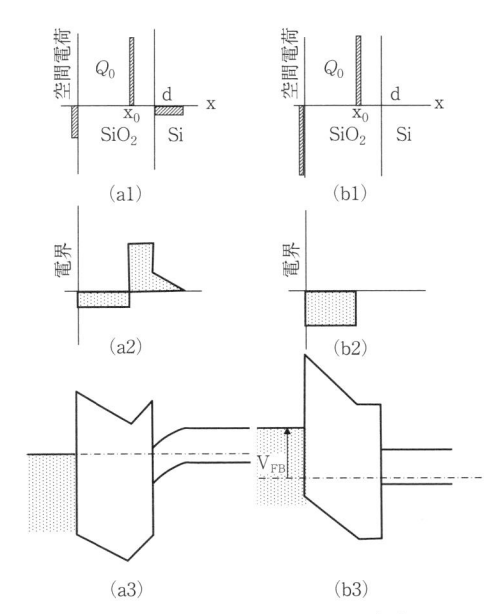

図 6.9 酸化膜中に正の電荷があった場合の空間電荷分布(a1)，電界分布(a2)，エネルギーバンド図(a3)．ゲート電極に負の電圧を掛けることにより，バンドをフラットにした場合の電荷(b1)，電界(b2)，バンド図(b3)．

電界分布は電気力線の向きと密度を反映して，図 6.9(a2) のようになる．静電ポテンシャルの分布はこれを積分して求められ，それを逆にして電子親和力差，仕事関数差を考慮すると，バンド図は図 6.9(a3) のようになる．ゲート電圧が掛かっていないにも拘わらず，空間電荷ができているのでバンドが曲がっている．これを理想的 MOS ダイオードと同じような，フラットのバンド（フラットバンド状態）にしようとしたら，ゲート電極に負の電圧を掛けて電気力線を総て電極側に引き付け，図 6.9(b1) のようにしなければならない．その場合の電界分布は図 6.9(b2) のようになり，バンド図では図 6.9(b3) のようにフラットバンド状態が得られる．

フラットバンド状態を得るのに必要なゲート電圧を**フラットバンド電圧** V_{FB}

と言う.通常の MOS ダイオードは必ず幾らかのフラットバンド電圧 V_{FB} が必要で,MOSFET に電流が流れ始めるしきい値電圧はこれを含めて次式のようになる.

$$V_T = V_{FB} + 2\Psi_B + \frac{\sqrt{2\varepsilon_s q N_A (2\Psi_B)}}{C_{ox}} \tag{6.23}$$

6.2 MOSFET

図 6.10 に n チャンネル MOSFET の基本構造を示す.p 形 Si 基板上に MOS ダイオードがあり,その両端にソースとドレインの n^+ 領域が平行にある.ゲートにしきい値電圧以上の電圧を加えると p 形 Si 基板の表面が反転し,ソース,ドレイン間に電子の流れる**チャンネル**(channel;水路)ができる.デバイスパラメータとしては次のようなものがある.

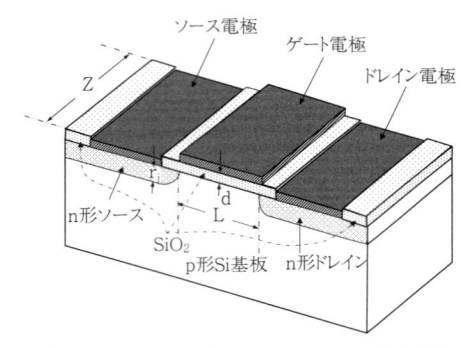

図 6.10 n チャンネル MOSFET の基本構造.

- チャンネル長 L:電子の流れる距離,即ち n^+-p 接合間の距離.
- ゲート幅 Z: 通常チャンネル長より遙かに広く,ドレイン電流はこれに比例する.
- 酸化膜の厚さ d:電流が流れない限りできるだけ薄い方が良い.
- 接合深さ r_j: 短チャンネル効果を防ぐため,できるだけ浅い方が良い.
- 基板のドーピング濃度 N_A:(6.23)式に示すように,しきい値電圧はこれによって制御される.

6.2.1 基本動作

ゲートにしきい値電圧以上の電圧を印加すると,図 6.11(a1) に示すように p 形基板表面にチャンネルが形成される.ドレインの電圧を上げると,ドレイン電圧 V_D が小さい間は,チャンネルが抵抗として働き,ドレイン電流 I_D は

図 6.11(b1) に示すように直線的に増加する．この状態をダムのモデルで示すと，図 6.12(b2) に示すようにダムとダムが水路で繋がっていて，水が緩やかに流れる状態である．

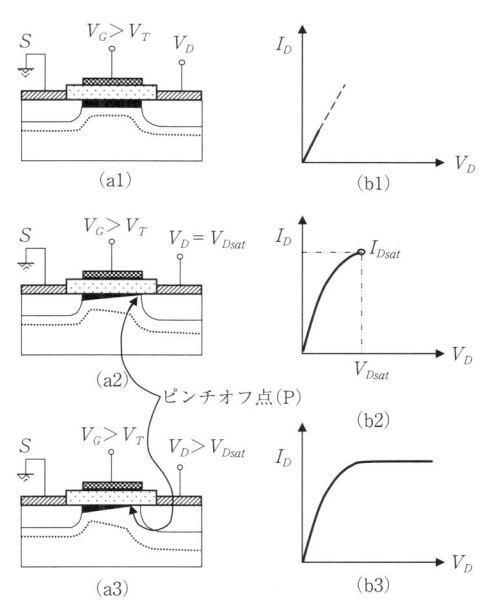

図 6.11 MOSFET，チャンネル，空乏層の断面図(a) と，ドレイン電圧 V_D に対するドレイン電流 I_D の関係(b)．

ドレイン電圧 V_D が増加すると，図 6.13 に示すようにドレイン側の空乏層も広がるし，酸化膜に掛かる電圧も小さくなり（$V_G = 5V$，$V_D = 3V$ とすると，ドレイン側では酸化膜に 2V しか掛からない），ドレイン側のチャンネルが細くなる．その為，チャンネルの抵抗が増加して，ドレイン電流 I_D はドレイン電圧 V_D との比例関係からずれる．

更にドレイン電圧 V_D が増えて $V_D = V_P \fallingdotseq V_G - V_T$ になると，図 6.11(a2) に示すようにドレイン側のチャンネルがなくなる．これを**ピンチオフ点**と言う．ドレイン電流 I_D はこの点以降増加することはなく飽和する．

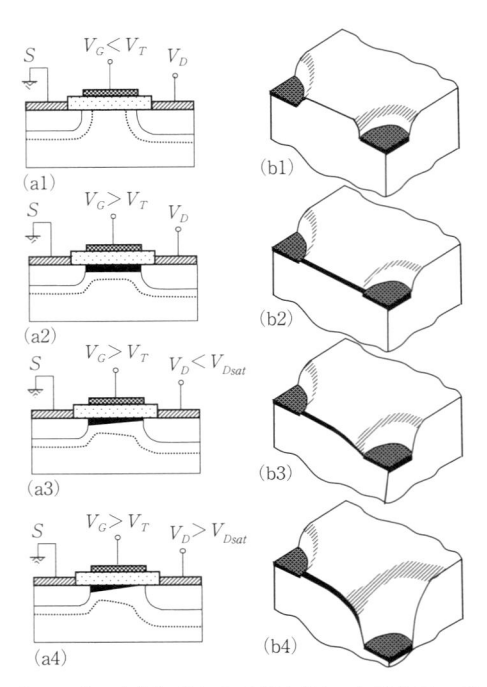

図 6.12 MOSFET のチャンネル(a)とダムのモデル(b). (a1)(b1)：$V_G<V_T$ でチャンネルができていない状態, (a2)(b2)；$V_G>V_T$ でチャンネルができた状態——$V_D=0$. (a3)(b3)；(a2)(b2) の状態でドレイン電圧 V_D が増加した場合——$V_D<V_{sat}$, (a4)(b4)；ドレイン電圧 V_D が飽和ドレイン電圧 V_{sat} 以上になった場合.

ドレイン電圧 V_D が更に増加すると，図 6.11(a3) に示すようにピンチオフ点 P が少しソース側にずれる．ピンチオフ点 P のドレイン側には，ドレイン-基板間の空乏層が広がって，ダムのモデルと言うと図 6.12(b4) に示すように，ピンチオフ点 P とドレイン間に大きなポテンシャルの差ができる．即ち，ピンチオフ点以降のドレイン電圧は，総てこのピンチオフ点 P とドレイン間の空乏層に掛かって，チャンネルの形はほとんど変わらない．したがって，ドレイン電流もほぼ一定になる．ダムのモデルで言えばピンチオフ後のドレイン電流はドレイン側に滝のように流れ落ちる．流れ落ちる水量（ドレイン電流）は水路の太さで決まる．水路の太さはゲート電圧で決まり，したがって，飽和ドレイン電流 I_D もゲート電圧 V_G の関数となる．これが MOSFET の動作原理

である．因みに 1 章図 1.7 に示した BiTr のダムのモデルでは，流れ落ちる水量（コレクタ電流）は堰の高さで決まる．

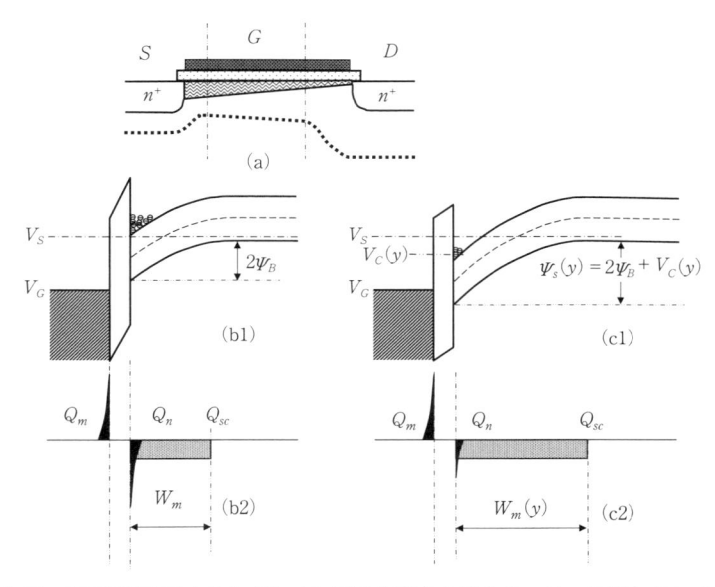

図 6.13 MOSFET に小さなドレイン電圧を変えた場合の，ソース側とドレイン側のエネルギーバンド図．

図 6.13 に，ドレインの電圧が小さい場合のチャンネル（図 a），ソース側のエネルギーバンド図（図 b1）と空間電荷分布（図 b2），ドレイン側のエネルギーバンド図（図 c1）と空間電荷分布（図 c2）を示す．これを見れば分かるように，ドレイン側では (6.13) 式の Q_m はソース側と同じであるが，qN_AW が大きくなり，結果として反転層の電荷 Q_n が減少する．途中の計算は複雑になるので省略するが，ソースからドレインに向かって y 点での反転層の電荷 $Q_n(y)$ はチャンネルの電位（ポテンシャル）を $V(y)$ とすると次のように表される．

$$Q_n(y) = -C_{ox}[V_G - V(y) - 2\Psi_B] + \sqrt{2\varepsilon_s q N_A [2\Psi_B + V(y)]} \qquad (6.24)$$

即ち，反転層の電荷 $Q_n(y)$ はドレイン側に近づき $V(y)$ が大きくなるに従って減少し，

$$V(y) = V_G - 2\Psi_B - \frac{\sqrt{2\varepsilon_s q N_A [2\Psi_B + V(y)]}}{C_{ox}} \cong V_G - V_T \qquad (6.25)$$

の点でゼロになる．即ち，この点がピンチオフ点である．
　(6.24)(6.25)式を用いてキャリアの移動度が一定（即ち電子の速度が電界に比例していくらでも大きくなる）と仮定すると，ゲート電圧 V_G をパラメータとして一応ドレイン電流 I_D とドレイン電圧 V_D の関係（出力特性と言う）を解析的に求めることができる．しかし，実際には半導体中のキャリアの速度は第 3 章，図 3.2 に示したように，電界が 10kV/cm を超えると 10^7cm/sec（100km/s）ぐらいで飽和してしまう．そしてドレイン側のチャンネルの電界は容易に 10kV/cm を超える．したがって，解析的に求めた I_D と V_D の関係は実際のものとは図 6.14 に示すように大きく異なる．その為結果的には余り意味がないが，MOSFET の動作を理解するために，一応その導出過程を示しておく．

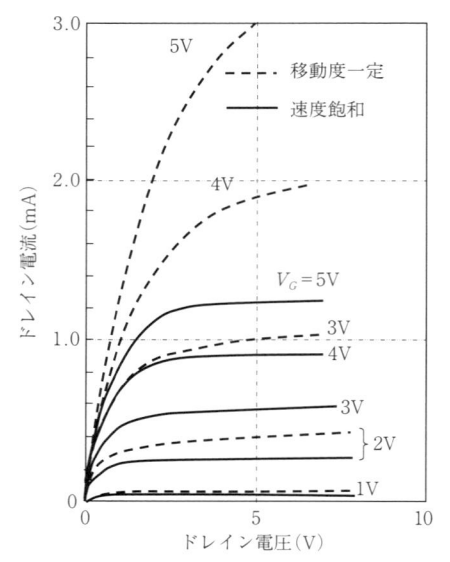

図 6.14 MOSFET の出力特性：点線は移動度一定として解析的に求めたもの，実線は図 3.2 の速度・電界特性を用いて計算したもの[2]．

【参考：I_D-V_D 特性の解析的求め方】
　ソースからドレインに向かって y 点での反転層の電荷 $Q_n(y)$ が速度 $v(y) =$

$\mu_n E$ で流れるとすると，その点でのチャンネルの伝導率 $\sigma(y)$ は次のようになる．

$$\sigma(y) = \mu_n |Q_n(y)| \tag{6.26}$$

抵抗率 ρ は伝導率 σ の逆数であるから，ゲート幅を Z とすると dy 部分の抵抗 $dR(y)$ は次のようになる．

$$dR(y) = \frac{dy}{Z\sigma(y)} = \frac{dy}{Z\mu_n |Q_n(y)|} \tag{6.27}$$

dy 部分の電圧降下 $dV(y)$ はこれにドレイン電流 I_D を掛けたもので，次式のようになる．

$$dV(y) = I_D dR(y) = \frac{I_D dy}{Z\mu_n |Q_n(y)|} \tag{6.28}$$

ドレイン電流 I_D はソースからドレインまで一定であるから，(6.28) 式に (6.24) 式を代入してソースからドレインまで積分すると，左辺の積分はドレイン電圧 V_D になるので，I_D と V_D の関係は次のように求まる（グラジュアルチャンネル近似と言う）．

$$I_D \approx \frac{Z}{L} \mu_n C_{ox} \left\{ \left(V_G - 2\Psi_B - \frac{V_D}{2} \right) V_D - \frac{2}{3} \frac{\sqrt{2\varepsilon_s q N_A}}{C_{ox}} \left[(V_D + 2\Psi_B)^{\frac{3}{2}} - (2\Psi_B)^{\frac{3}{2}} \right] \right\} \tag{6.29}$$

解析的に求めた (6.29) 式を，ゲート電圧 V_G をパラメータとしてプロットすると図 6.14 の点線のようになる．これは上に述べたように電子の速度が電界に比例していくらでも速くなると仮定した場合の結果で，図 3.2 のように電子の速度が飽和するとして計算機シミュレーションをすると出力特性は図 6.14 の実線のようになり，実験結果と良く合っている．I_D-V_D 特性が大きく異なることが分かるであろう．

6.2.2 伝達特性，伝達コンダクタンスとしゃ断周波数

(a) 伝達特性

1 章で，トランジスタは Transfer（伝達）Resistor（抵抗）から出た名前だと述べたように，トランジスタの性能は第 3 の電極，MOSFET ではゲート電極で，抵抗即ちドレイン電流の流れ易さをどれぐらい変えられるかに掛かって

いる．これを表すのが伝達特性である．

図6.14の，ドレイン電圧5Vの点のドレイン電流$I_D(=I_{Dsat})$をゲート電圧V_Gの関数としてプロットすると，図6.15のようになる．これが伝達特性である．【参考】に示した移動度一定の場合には，ドレイン電流が飽和するドレイン電圧V_{Dsat}が（6.24）式に於いて$Q_n(L)=0$として求められ，ゲート電圧V_Gに比例する．飽和ドレイン電流I_{Dsat}は（6.29）式のように$V_G \times V_{Dsat}$に比例するため，図6.15の点線で示されるようにゲート電圧V_Gの2乗で増大する．

$$I_{Dsat} \cong \frac{Z\mu_n C_{ox}}{2L}(V_G - V_T)^2 \tag{6.30}$$

しかし電子の速度が飽和している場合は，図6.7に示すように反転層の電荷Q_nがゲート電圧V_Gに比例するため，図6.15の実線のように飽和ドレイン電流I_{Dsat}もゲート電圧V_Gに比例する．

$$I_{Dsat} \cong v_s Q_n = v_s C_{ox}(V_G - V_T) \tag{6.31}$$

但し，v_sは電子の飽和速度．

(b) 伝達コンダクタンス

抵抗Rに電圧Vを掛けた時に流れる電流Iは

$$I = \frac{V}{R} = GV \tag{6.32}$$

と表されて，Gをコンダクタンスと言う．MOSFETの場合，ゲートに電圧を掛けるとドレイン電流が変わるので，（6.30）（6.31）式を（6.32）式になぞらえて，

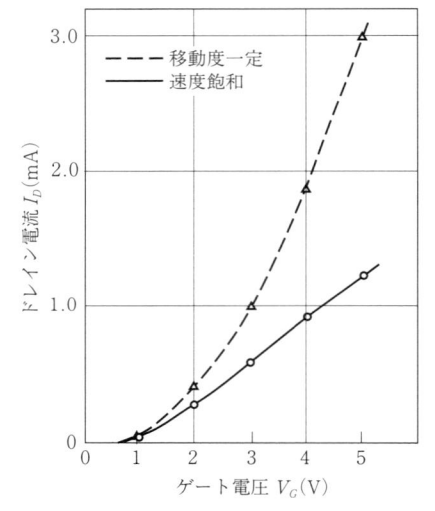

図6.15 出力特性（図6.14）に於ける$V_D=5$Vの点のI_Dから伝達特性を求めたもの．

$$g_m = \left.\frac{dI_{Dsat}}{dV_G}\right|_{V_D=const} \cong v_s C_{ox} \tag{6.33}$$

を伝達コンダクタンスあるいは相互コンダクタンスと言う．これは（6.33）式から分かるように，図6.15のI_{Dsat}-V_G曲線（これを**伝達特性**と言う）の傾斜

である.

(c) しゃ断周波数

　伝達コンダクタンス g_m は MOSFET が動作する上限周波数に直接関係する．MOSFET のしゃ断周波数 f_T はバイポーラ・トランジスタと同様に，入力の交流電流（MOSFET では入力ゲートには直流電流は流れない）と出力の交流電流が同じになる周波数で定義される．入力インピーダンスはゲートの容量 ZLC_{ox} で決まり（Z：ゲート幅，L：ゲート長，C_{ox}：単位面積当たりの酸化膜容量），角周波数を ω とすると（$1/j\omega ZLC_{ox}=1/j2\pi f ZLC_{ox}$）となる．したがって，交流入力電圧を $\bar{v}_G$ とすると交流入力電流は位相を考えなければ $\bar{i}_{in}=2\pi f ZLC_{ox}\bar{v}_G$ である．出力電流は交流ドレイン電流であり，(6.33) 式の伝達コンダクタンスの定義および (6.31) 式から $\bar{i}_{out}=\bar{i}_D=g_m\bar{v}_G=v_s ZC_{ox}\bar{v}_G$ となる．これらが等しくなる周波数がしゃ断周波数 f_T であるから，下記のようになる．

$$2\pi f_T ZLC_{ox}\bar{v}_G = g_m \bar{v}_G = v_s ZC_{ox}\bar{v}_G$$

即ち，

$$f_T = \frac{g_m}{2\pi ZLC_{ox}} = \frac{v_s}{2\pi L} \tag{6.34}$$

したがって，しゃ断周波数は伝達コンダクタンスが大きいほど，ゲート長が短いほど高くなる．

6.2.3 種々の MOSFET

(a) MOSFET のいろいろ

　今までの説明では，総て p 形 Si 基板が反転して電子の流れる n- チャンネルができる場合について述べてきた．しかし，n 形 Si 基板を反転して正孔の流れる p- チャンネルを作ることもできる．また，ゲート電圧がゼロの時にドレイン電流が流れる場合と流れない場合がある．図 6.16 にこれら 4 つの場合の MOSFET の構造，出力特性，および伝達特性をまとめた．

　図から分かるように，n- チャンネル MOSFET（以下 n-MOSFET）と p-MOSFET とでは，ゲートに掛ける電圧，ドレインに掛ける電圧の極性がいずれも逆になり，したがってドレイン電流の流れる方向も逆になる．次節に述べる CMOS ではこの性質を用いて，非常に低消費電力のインバータを構成している．

形	断面図	出力特性	伝達特性
n-チャンネル ノーマリ・オフ		$V_G=4\text{V}$, 3, 2, 1	V_T
n-チャンネル ノーマリ・オン		$V_G=1\text{V}$, 0, −1, −2	V_T
p-チャンネル ノーマリ・オフ		−1, −2, −3, $V_G=-4\text{V}$	V_T
p-チャンネル ノーマリ・オン		2, 1, 0, $V_G=-1\text{V}$	V_T

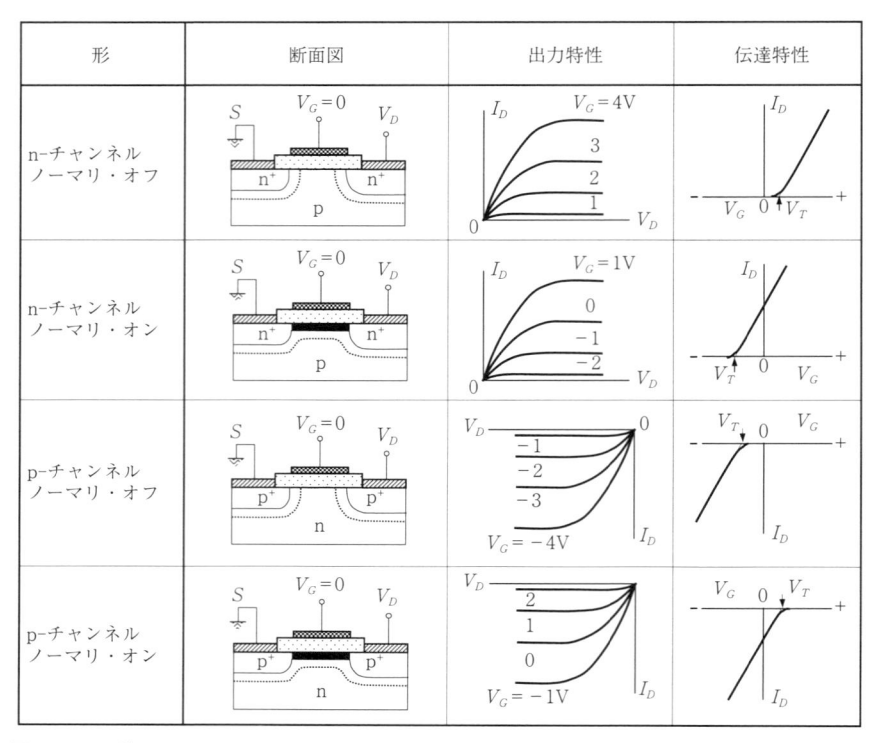

図6.16 4種類のMOSFET；n-チャンネル，p-チャンネル，ノーマリ・オフ，ノーマリ・オン．

ノーマリ・オフ（normally-off）型のMOSFETでは，ゲート電圧ゼロでドレイン電流は流れず，正または負のゲート電圧でドレイン電流が流れる．このタイプの方がロジック回路を組みやすく消費電力も少ないので，次節のCMOSも含めてデジタルICには全てこのタイプのものが使われている．

ノーマリ・オン（normally-on）型のMOSFETでは，ゲート電圧ゼロでドレイン電流が流れていて，負または正のゲート電圧でドレイン電流が減少する．アナログ回路ではいずれにしてもバイアス電流を流す必要があるので，むしろこちらのタイプのものが使われることが多い．

(b) CMOS（Complementary MOS）---- **相補型-MOSFET**

CMOSが開発される前のインバータでは，図6.17(a)に示すように抵抗負荷あるいはアクティブロード（FET負荷：一定の電流が流れるようにした

MOSFET；この方が抵抗より面積も少なく，温度特性も良い）が使われていた．その場合図6.17(b)に示すように論理の0か1のいずれかで電流が流れる．即ち，デジタル信号のおよそ半分では電流が流れていることになり，消費電力が大きかった．

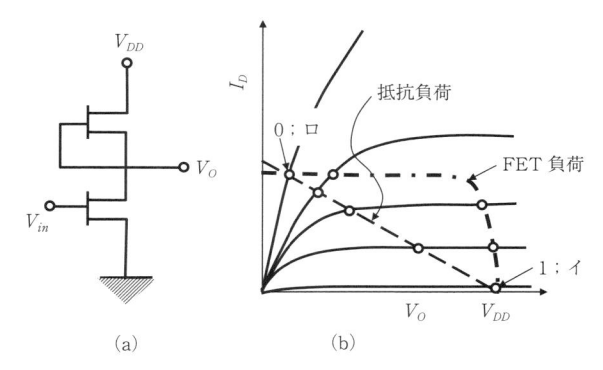

図 6.17 抵抗負荷あるいはアクティブロード（FET負荷）を持ったインバータ(a) の負荷特性(b)．

アクティブロードの代わりに，図6.18(a) に示すように p-MOSFET を n-MOSFET の負荷にしたものが CMOS である．アクティブロードと違ってゲートは入力端子に繋がれている．n-MOSFET のソースがアースに，p-MOSFET のソースは電源に，両者のドレインは繋がれて出力端子になっている．いずれの MOSFET もノーマリ・オフ型である．

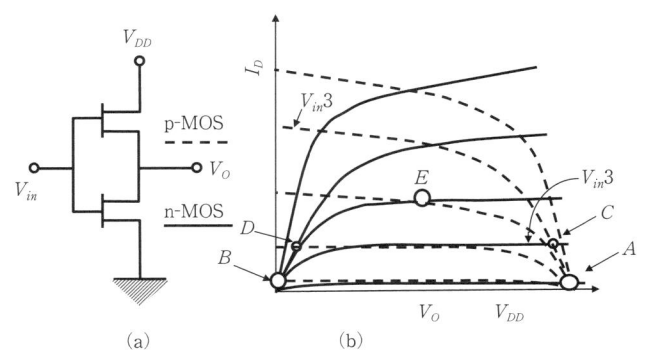

図 6.18 CMOSインバータ(a)と負荷特性(b)．

今電源電圧 V_{DD} を 5V とする（最近のロジック回路の電源は低消費電力にするためにだいたい 2V 以下になっている）．入力がない場合（入力端子：0V）いずれもノーマリ・オフだから，n-MOSFET は OFF 状態に，p-MOSFET は ON 状態になる．この状況を図 6.17(b) のような負荷特性で示すと図 6.18(b) のようになり，動作点は図 6.17(b) の点イに相当する点 A になる．入力端子に 5V のパルスが入ると，n-MOSFET は ON になり p-MOSFET は OFF になる．したがって出力端子はゼロ（あるいは低電圧）になる．図 6.17 のアクティブロードでは一定の電流が流れるので，動作点は図 6.17(b) のロの点になり，インバータにも電流が流れる．しかし図 6.18 の CMOS では負荷である p-MOSFET が OFF になるので，図 6.18(b) の動作点 B で分かるように，電流は流れない．即ち，CMOS では動作点が A でも B でも電流は流れない．したがって，CMOS は非常に低消費電力なのである．ではどういう時に電流が流れるかと言うと，入力電圧が変化し，動作点が A から B，あるいは B から A に変化する時，動作点が C⇒E⇒D あるいは D⇒E⇒C のように変化し，n-MOSFET，p-MOSFET の両方にある程度の電流が流れる．したがって，CMOS 論理回路の消費電力はパルスの回数，即ちクロック周波数に比例して増大する．

現在の実用的な CMOS は，図 6.19 に示すような SOI (Silicon On Insulator) 構造で作られている．これは Si 中に高濃度，高速の酸素 (O) をイオン注入し，これを熱処理すると不思議なことに SiO_2 上に単結晶 Si 膜が残る．これをまたイオン注入で n 形，p 形にして n-MOSFET，p-MOSFET を作る．SiO_2 上なので両者を完全に独立にすることができ，従来問題だったラッチアップという問題がなくなり，高密度の論理回路が構成できる．

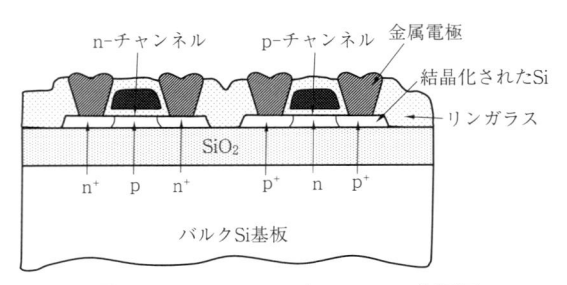

図 6.19 SOI-CMOS インバータの断面図．

(c) TFT (Thin Film Transistor) ---- 薄膜トランジスタ

現在使われているディスプレイはほとんどが液晶ディスプレイ（LCD：Liquid Crystal Display）である．LCDはガラス基板の間に挟まれた液晶に電圧を掛けたり，切ったりしてバックライトの光をオン・オフしている．そのスイッチに使われているのが，図6.20に示すような**アモルファス**（amorphous：非晶質 "a-" と略す）Siを動作層とするFETである．a-SiはプラズマCVD（Chemical Vapor Deposition——化学気相堆積）法という方法で，ガラスが溶けない300℃ぐらいで堆積させることができる．

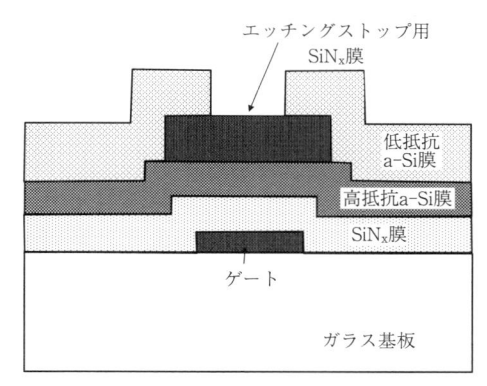

図6.20 代表的な a-Si TFT の構造．

通常図6.20に示すように，まずガラス基板上に金属のゲートを付け，その上に絶縁膜となるSiNx膜を，やはりプラズマCVD法で堆積させる．その上に動作層となるa-Si膜を堆積し（多量の水素：Hが含まれていて，a-Si：Hと書かれる），一番上にソースとドレインを付ける．このように総て薄膜で作られるので薄膜トランジスタ，TFTと呼ばれる．

残念ながら結晶ではないためにa-Si：H中に多くの欠陥があり，電子の移動度が結晶Siの千分の1以下で，ドレイン電流は図6.21に示すようマイクロアンペアのオーダーでしか流れない．したがって，通常の電子回路にTFTを使うことは難しい．幸いな事に液晶は絶縁物に近いが，その抵抗値が図6.21に示すTFTのON状態とOFF状態の中間の値で，TFTをオン・オフすることで，液晶に電圧を掛けたり切ったりすることができる．LCDがこれだけ大

きな産業になったのは TFT のお陰であると言っても過言ではない．

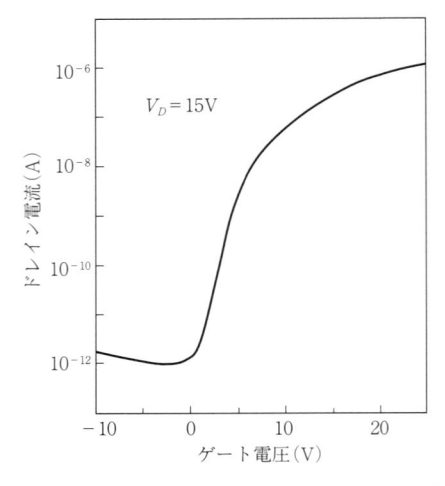

図 6.21 a-Si：H の伝達特性．縦軸は log scale[3]．

引用文献

1) S.M. ジィー著，南日康夫，川辺光央，長谷川文夫訳「半導体デバイス（第 2 版）」産業図書，2004，p.161，図 6-7．
2) S.M.Sze, "Physics of Semiconductor Devices" John Wiley and sons, 1981, p.451. Fig.15.
3) S.M. ジィー著，南日康夫，川辺光央，長谷川文夫訳「半導体デバイス（第 2 版）」産業図書，2004，p.189，図 6-35．

練習問題

1) 理想的な MOS ダイオードについて次の問に答えよ．
   a) 金属，半導体に固有な，真空準位とのエネルギー差はそれぞれ何か？
   b) 理想的な MOS ダイオードでは 3 つの仮定をしている．その 3 つの仮定を挙げよ．
   c) 次の各々の場合のエネルギー・バンド図と空間電荷分布の概略を画け．但し，半導体は p 形とする．
      イ) ゲート電極を半導体に対して負にバイアスした場合——蓄積，

第 6 章　MOSFET

　　ロ）　ゲート電極をわずかに正にバイアスした場合――空乏．
　　ハ）　ゲート電極を大きく正にバイアスした場合――強い反転
2)　MOS 構造に静電的に誘導される電荷について次の問いに答えよ．
　a)　表面キャリア密度 n_s を Ψ_s，Ψ_B を用いて表せ．
　b)　$\Psi_s=0$，$\Psi_s=\Psi_B$，$\Psi_s>\Psi_B$ のそれぞれの場合の n_s，n_i，p_s の関係を示せ．
　c)　$\Psi_s=2\Psi_B$ の時，n_s の値はどのような値になるか？
3)　MOS（p 形）ダイオードの電圧，電荷の分布と C-V 特性について次の問いに答えよ．
　a)　電圧の分配について
　　イ）　MOS ダイオードに掛かる電圧は，酸化膜と半導体にどのように分配されるか？
　　ロ）　酸化膜に掛かる電圧 V_{ox} は何によって決まるか？
　　ハ）　半導体に掛かる電圧の最大値はどの程度か？
　b)　容量について
　　イ）　電極に正の電圧を加えたとき，p 形半導体には負の電荷が誘起されなければならない．この負の電荷は何によってもたらされるか？
　　ロ）　半導体内の空乏層容量 C_j はどのように表されるか？
　　ハ）　電極に正の電圧を加えたとき，全体の容量 C はどのように変化するか？
　c)　しきい値電圧について
　　イ）　しきい値電圧 V_T とはどのようなものか？
　　ロ）　しきい値電圧 V_T はどのような量（パラメータ）によって決まるか？
　　ハ）　しきい値電圧 V_T 以降，界面に誘起される電荷 Q_n はゲート電圧 V_G にどのように依存するか？
4)　MOSFET について次の問いに答えよ．
　a)　MOSFET の動作を，ダムのモデルで説明せよ．
　b)　しきい値電圧以上のゲート電圧 V_G を印加して，チャンネルを形成した後，ドレイン電圧 V_D を上げて行くと，ドレイン電流 I_D ははじめ直線的に増加し，やがて飽和し，それ以上ドレイン電圧を掛けても，ドレイン電流は増えない．
　　イ）　それぞれの点での，チャンネルの模式図を描け．
　　ロ）　ピンチオフとはどのような状態のことを言うか？
　　ハ）　ドレイン電流が飽和した後のドレイン電圧は，どこに掛かるか？

ニ) その時の電子の速度（したがって，ドレイン電流）は何によって決まるか？
c) 伝達特性とは，何を変化したときの，何の変化を表しているか？
d) 伝達コンダクタンス g_m とはどのような量で，大きいほうが良いのか，小さいほうが良いのか？
e) MOSFET のしゃ断周波数 f_T も，入力交流電流と出力交流電流が等しくなった時の周波数である．しゃ断周波数 f_T と伝達コンダクタンス g_m の関係を求めよ．
f) しゃ断周波数 f_T を高くするためにはどうすれば良いか？
g) n-チャンネル MOSFET, p-チャンネル MOSFET, CMOS について，その構造の違いとそれぞれの特徴を説明せよ．
h) n-チャンネル，ノーマリ・オフ型，ノーマリ・オン型，FET の違いを，ドレイン電流 I_D vs ゲート電圧 V_G 特性を書いて説明し，それぞれの特徴を述べよ．

5) CMOS, SOI, TFT について
   a) CMOS インバータの動作原理を出力負荷特性を用いて説明せよ．
   b) CMOS が低消費電力である理由を述べよ．
   c) SOI はどのような構造をしていて，どのような技術を使って作られるか？
   d) TFT は通常の MOSFET とどのように異なっていて，どのような特徴があるか？
   e) TFT が LCD に使われる理由を述べよ．

第2部　電子応用デバイス

第7章

電荷結合デバイスとイメージ・センサ

電荷結合デバイス（CCD：Charge Coupled Device）はデジカメや携帯電話の撮像デバイス（イメージ・センサ）として広く使われている（あるいは，使われていた）．最近は集積回路（IC）の進歩によって，CMOS固体撮像デバイスの特性が改善され，通常のIC製造ラインで作れると言う作りやすさも手伝って，携帯電話のカメラなどの低価格なものあるいは連写など高機能デジカメなどにCMOS固体撮像デバイスが多く使われるようになっている．それでもトランジスタ，FETなどと全く異なる動作原理のCCDを学んでおくことは重要であろう．

CCDはMOSキャパシタを多数従属接続し，半導体表面に沿って電荷（移動度が大きいので通常電子が使われる）を次々と転送するデバイスである．深い空乏状態と言われる，非熱平衡状態の20msくらいの間に総ての動作をする，ちょっと変わったデバイスである．

7.1 深い空乏状態（Deep Depletion）

6章，図6.4に示したように，MOSダイオードに電圧を加えると，ゲート電圧の正負，大きさによって，蓄積，空乏，反転，強い反転と半導体表面の状態が変化する．図6.4は総て電圧印加後充分な時間が経った，熱平衡状態でのバンド図，空間電荷分布であるが，MOSダイオードに階段状の大きな電圧を加えると，図7.1 (a) に示すように，強い反転が起こる前に空乏層が広がって，電圧の大部分が半導体に掛かる．この状態は過渡的状態，即ち非熱平衡状態であり，深い空乏状態（Deep Depletion）と呼ばれる．時間が経過するとp形半

導体の伝導帯のわずかな電子が酸化膜・半導体界面に集められ，図 7.1（b）に示すような強い反転状態になる．これが熱平衡状態である．この様子を横軸に時間，縦軸に容量で示すと図 7.2（b）のようになる．これを図 6.8 で示した通常の C-V 特性と対応させると図 7.2（a）のようになっており，深い空乏状態での容量は通常の反転状態の容量よりずっと小さくなっている．図 7.2（b）から分かるように，非熱平衡状態から熱平衡状態になるまでには数秒以上の時間が掛かるが（最近のものは結晶品質の向上で数十秒になっている），この時間は p 形 Si 中の電子の寿命（生成・再結合の時間）に依存している．

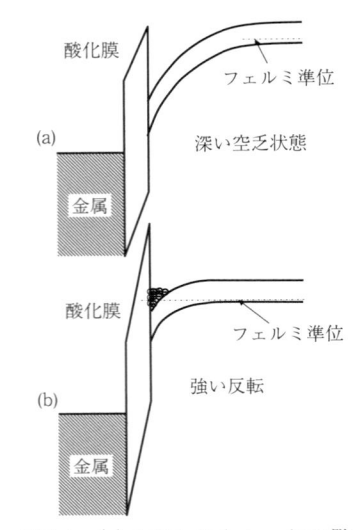

図 7.1 （a）MOS ダイオードに階段状の大きな電圧が加わった直後（深い空乏の状態），（b）充分時間が経って，強い反転状態になった場合のエネルギーバンド図．

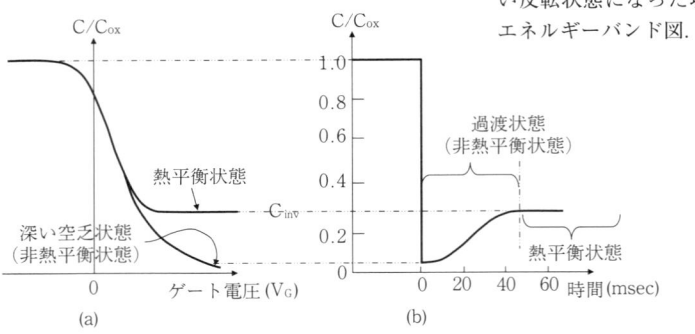

図 7.2 （a）MOS ダイオードの容量-電圧特性，（b）容量の時間変化[1]．

この電圧印加後約 1 秒以内の非熱平衡状態に，半導体に光が当たると，電子・正孔対ができ，電子が信号電荷として溜まる．この電荷は光の強さに比例する．これを横にずらして端から取り出すと，光の空間分布を時系列の電気信号として取り出すことができる．CCD はこれらの動作を総て約 10ms（TV の 1 画面は 1/60 秒）以内の非熱平衡状態で行うデバイスである．

7.2 CCDの動作

7.2.1 基本構造と動作原理

　光の空間分布信号を時系列の電気信号にするためには，信号電荷を平行移動させることが必要である．CCDではこれを近接して並べたMOSダイオードで行う．図7.3はこの動作を模式的に示したものである．あるゲート（図では2番目$\phi 2$の電極）の下の電荷（図7.3-a）を右に動かすには，図7.3 (b) に示すように右側のゲート（3番目$\phi 3$）の電圧を2番目のゲートの電圧より高く（模式的なポテンシャルの井戸——ウェル——を深く）することが必要である．なぜなら1番目のゲートの電圧も同時に高くなったら，2番目の電極の下の信号電荷は図7.3 (c) に示すように左右の両方に流れてしまうからである．即ち，信号電荷を一方向に動かすためには，1, 2, 3番目の3つの電極にそれぞれ異なる電圧を加えられることが必要ある．3番目の電極の下から4番目の電極の下に移動させる場合には，4番目の電極の電圧は1番目のものと同じでも良い．なぜなら2番目の電極の電圧を低く（ポテンシャルの井戸を浅く）し

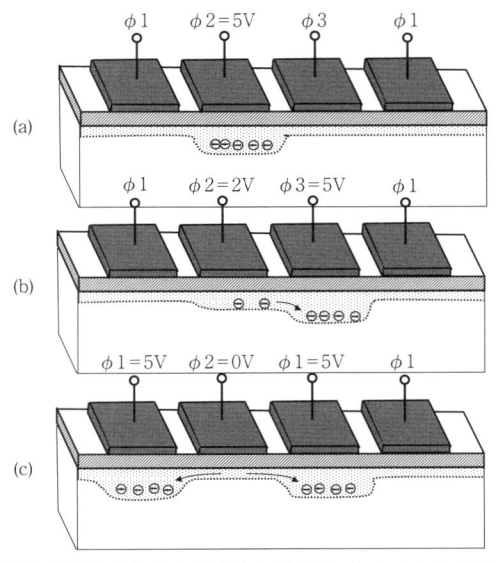

図7.3 CCDの信号電荷を移動させる動作の模式図．少なくとも3相の制御信号が必要．

ておけば，3番目の電極の下の信号電荷が，1番目の電極の方に流れることはない．即ち，信号電荷を一方向に動かすためには，少なくとも3相の制御信号が必要である．

7.2.2 実際の構造と動作
(a) 作り方

ある電極の下の信号電荷を効率良く次の電極の下に移すには，電極と電極の間隔をできるだけ狭くすることが必要である．（実用的な CCD では**転送効率**が 99.999% 以上であることが必要．）初期の頃は図 7.4 (a) に示すような 3 相構造が作られた．まずポリ Si（多結晶 Si）で第 1 の電極を作り，その表面を酸化して酸化膜で覆う．その上に更にポリ Si を堆積し，フォトリゾグラフィにより第 2 の電極を形成する．これをまた酸化して，最後は Al などの金属電極をフォトリゾグラフィでパターニングする．

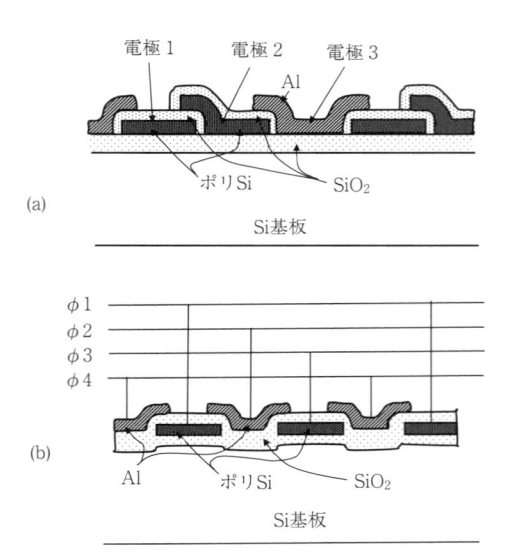

図 7.4 (a) 3 層重ね合わせ電極構造，(b) 4 相駆動電極構造．

この方法によれば，電極間隔は酸化膜の厚さで決まるから非常に狭くでき，克つ充分な絶縁性が得られる．しかしながら，第 2 の電極の目合わせが少しで

もずれると，第2と第3の電極の幅が不揃いになる．その上この方法だとポリSiの堆積と酸化を2回する必要があり，プロセス工程が長くなる．

図7.4（b）は，制御信号回路は4相で複雑になるが，これらプロセス上の欠点を取り除いたものである．即ち，ポリSiの堆積と酸化は1回で，その上に直ぐ金属電極が作られる．金属電極の目合わせが少しぐらいずれても，重ね合わさっている所が変化するだけで，実効的なMOSダイオードの電極の幅は変わらない．電極間隔は図7.4（a）と同じように酸化膜の厚さで決まり，充分狭くできる．

(b) 界面準位と埋め込みチャンネル

図7.5に示すように，SiO_2-Si界面には$10^{10}cm^{-2}$程度の界面準位がある．MOSFETのチャンネルに流れる電子密度は$10^{12}cm^{-2}$程度なので，この界面準位による電子のトラップ（捕獲）は，MOSFETの動作にほとんど影響を与えない．しかしながら，CCDでは微弱な光でわずかに溜まった電子も，信号として次のウェル（電極の下のポテンシャルの井戸）に送らなければならないし，転送効率は99.999%以上にしなければならないので，$10^{10}cm^{-2}$程度の界面準位が問題になる．実用的なCCDではこれを**埋め込みチャンネル**（buried channel）構造で解決している．

埋め込みチャンネル構造では，図7.6（a）に示すように，酸化膜とp形基板の間に薄いn形層を入れている．このn形層の脇の方に電極を付けて正の

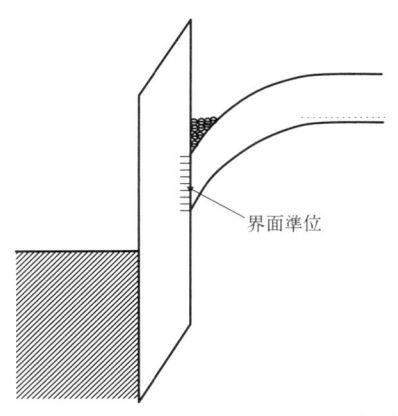

図7.5 SiO_2/Si界面の界面準位．信号電子をトラップして転送効率を低下させる．

電圧を掛けると，p形基板との間は逆方向バイアスになり，MOS構造も空乏になって，図7.6 (b) に示すように半導体内部にポテンシャルの最小点ができる．このポテンシャルの電位はゲート電極によって変化させることができて，図7.3に示したようなポテンシャルの井戸（ウェル）を作ることができる．CCDの信号電荷は図7.6 (c) に示すようにここに溜められて横に移動するので，SiO_2-Si界面準位にトラップされることはなく，転送効率も高くなり，移動度も大きくなる．実用的なCCDデバイスは総てこの"埋め込みチャンネル（buried channel）"構造で作られている．

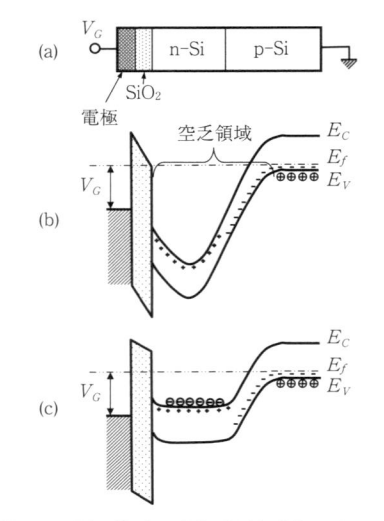

図7.6 (a) 構造，(b) 信号電荷のない時のエネルギーバンド図，(c) 信号電荷のある時のエネルギーバンド図．

7.3 撮像デバイス（イメージ・センサ：image sensor）[2]

画像信号はCRT（Cathode Ray Tube—ブラウン管）テレビからの伝統で，図7.7に示すような時系列の信号として，連続した1本の糸のように送られる．時系列で送られた画像信号はディスプレイ上で折り返されて，図のような走査線となる．従来のテレビ（TV）ではこの走査線の数が525本であったが，最近のフルハイビジョンTVでは1125本になっている．したがって，撮像デバイスもそれに対応していることが必要である．

固体撮像デバイスにはCCDイメージ・センサ（CCD-IS）とCMOS（6章，6.2.3項 (b) 参照）イメージ・センサ（CMOS-IS）がある．2000年代前半まではCCDの方が特性が良かったが，最近は集積回路技術の進歩により，作り易さと価格の点でCMOSイメージ・センサが有利になっている．

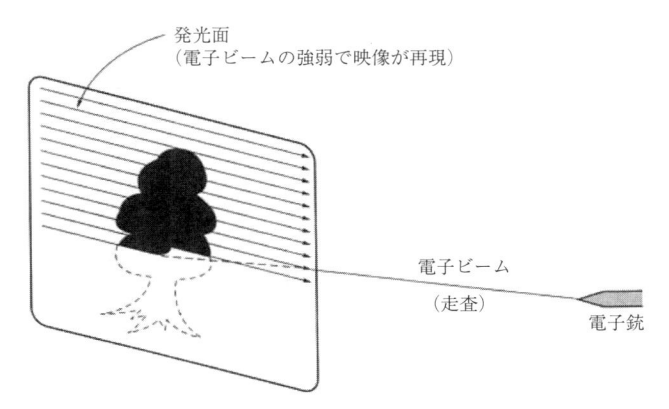

図7.7 TVに於ける画送信号は，連続した1本の糸のような電気信号で送られる[3].

7.3.1 CCDイメージ・センサの構成

図7.8に示すように次のような4つの要素からなっている．

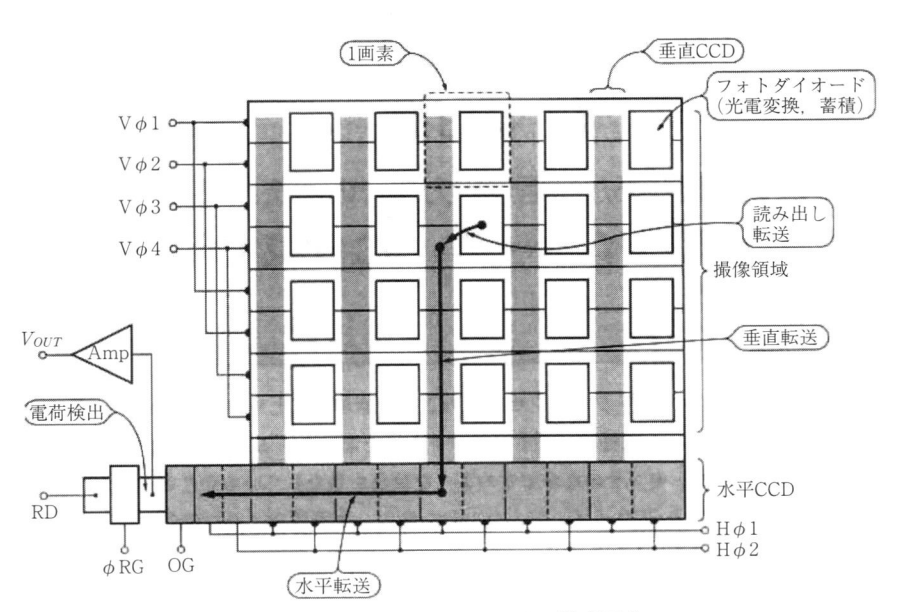

図7.8 CCDイメージ・センサの構成図[4].

(a) 光電変換

 光信号を電気信号に変換するには，Si フォトダイオードが使われる．これは CMOS-IS の場合も同じである．イメージ・センサに使われる Si フォトダイオードの一例を図 7.9 に示す．これは図 7.6（b）の酸化膜と n 形層の間に，p^{+-} 層が入ったような構造である（図 7.10 のフォトダイオードの部分参照）．各画素には光の三原色（RGB—Red, Blue, Green）を検出するように 3 つの光電変換部がある．

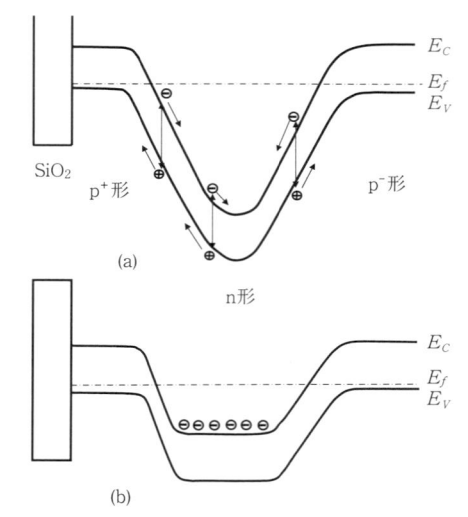

図 7.9 イメージ・センサのフォトダイオードの一例；
(a) 電荷のない状態，(b) 電荷が溜まった状態．

 光の波長 λ（μm）とエネルギー E（eV）の関係は次のように表される．

$$E = h\nu = \frac{hc}{\lambda} = \frac{1.24}{\lambda} \tag{7.1}$$

ここで h はプランクの定数，ν は光の振動数，c は光速である．Si のバンドギャップは 1.15eV であるから，約 1μm の波長に相当する．これ以上長い波長の光（赤外線）は Si で吸収されず透過する．短い波長でも徐々に吸収されて，半分吸収される Si の厚さ（表面からの深さ）は，光の三原色に対して下記のようになる．

第7章 電荷結合デバイスとイメージ・センサ　　　　115

色	波長	半分が吸収される深さ
青	460nm	$0.32\mu m$
緑	530nm	$0.79\mu m$
赤	700nm	$3.0\mu m$

したがって，色により電気信号に変換される割合が異なるので，カラーフィルタにより調整する必要がある．

(b)　電荷の蓄積

光によってできる電荷をある一定時間，図7.9のn形領域に溜められる．

(c)　電荷の転送（CCDのみ）

一定時間に溜められた電荷を，7.2.1項で述べたように，3相または4相の制御信号によって瞬時に垂直又は水平に移動させる．

(d)　電荷の検出（CCDのみ）

水平CCDの最終段に隣接して，ドレインが浮いたMOSFETがある．信号電荷の溜まったドレインの電位を電気信号として取り出す．その後ゲートを開いてドレインの電位を基準電位にし，次の信号に備える．

図7.10は画素部分の詳細である．フォトダイオード以外の部分はアルミ電極で覆って，転送用CCDの部分には光が当たらないようにしている．

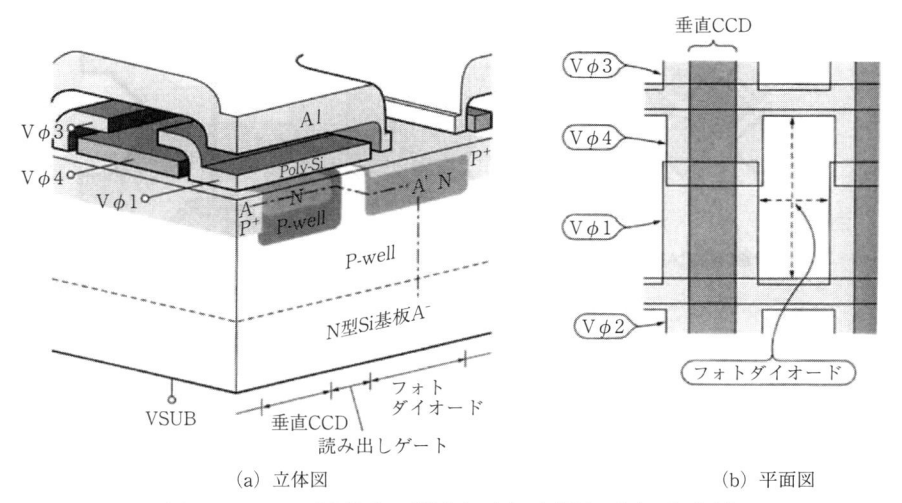

図7.10　CCD画素部分の詳細図．(a) 立体図，(b) 平面図 [5]．

7.3.2 CMOSイメージ・センサ

　前述のように集積回路技術の進歩により，作りやすさと安さの点でCMOS-ISはCCD-ISを駆逐しつつある．図7.11はCCD-ISとCMOS-ISの基本的は構成の違いを示したものである．CCD-ISと異なってCMOS-ISでは，個々のフォトダイオードの信号を直接増幅する．したがって，CCD-ISと異なり個々の画素の信号は独立に読み出すことも可能であるが，実際には従来のTVに対応するよう時系列の信号として読み出す．その際，水平読み出しの所にCDS（Correlated Double Sampling）――相関二重サンプリング回路――と言うのをつけて，増幅器やフォトダイオードの特性のばらつきや雑音を除去している．集積回路技術の進歩でこのようなことが可能になったので，CMOS-ISがCCD-ISに対抗できるようになった．

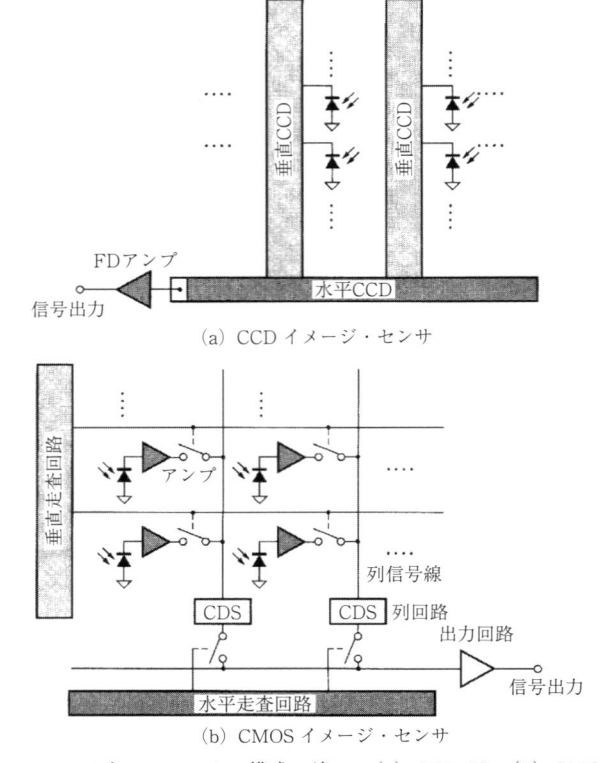

図 7.11 CCD-ISとCMOS-ISの構成の違い；(a) CCD-IS，(b) CMOS-IS[6]．

第 7 章　電荷結合デバイスとイメージ・センサ　　117

　図 7.12 は CMOS-IS の画素の部分をより詳細に示したものである．フォトダイオードのカソード（図 7.9 の n 形領域）の電位がそのまま MOSFET 増幅器（Amp）のゲートに信号として入っている．垂直選択線に信号が入ると，この行の信号は一斉に信号線に伝わる．この行の信号を時系列の信号にするには，図 7.11（b）に示されているように CDS 回路を通した後，水平走査回路によって順次スイッチを切り替えて，空間分布の信号を時系列信号に変換する．これだけの操作をしなければならないので，複雑な回路をコンパクトに集積してフォトダイオードの周りに作り込むことが必要であり，IC 技術の進歩により初めて可能になったものである．

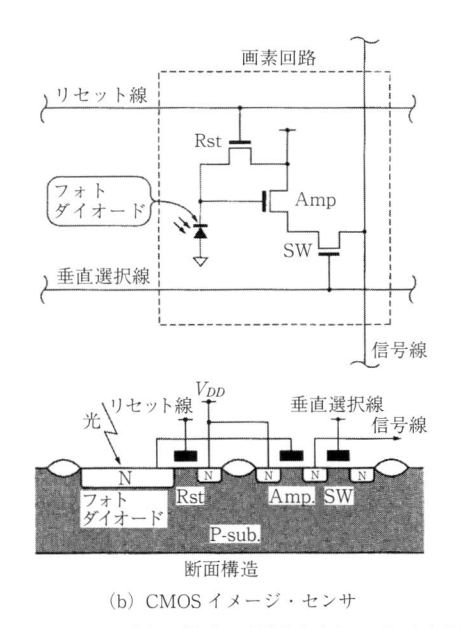

図 7.12　CMOS-IS の画素の部分の詳細図；(a) 回路, (b) 断面図[7].

　CMOS-IS は通常の IC プロセスで製作されるので，他の画像処理 IC と一緒に 1 つのチップに集積化することが可能である．図 7.13 は CMOS-IS と他の IC をシステムとして One Chip 化した一例を示すものである．CCD-IS は製造プロセスも通常の IC と異なるし，表 7.1 に示すように動作させる電源電圧も

異なるので，図7.13のようなシステム・オン・チップ（System On Chip）と言うわけには行かない．

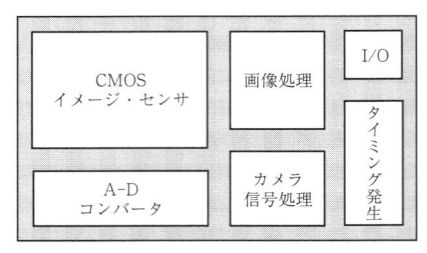

図7.13 システム・オン・チップの一例[8]．

表7.1 CCO-ISとCMOS-ISの電源電圧，消費電力の比較[9]．

	CCDイメージ・センサ 1/4型 33万画素	CMOSイメージ・センサ 1/3型 33万画素
電源数	3	1
電圧	15/3.3/−5.5 [V]	3.3 [V]
消費電力	135※ [mW]	31 [mW]

※：ドライバICの無効電力は含まれない

CCDおよびCMOSイメージ・センサの利点欠点を表7.2にまとめた．感度，SN（信号／雑音）比，暗電流，混色の点ではCCDの方が勝れているが，これらもどんどん差が縮まっている．またCMOS-ISには本質的にスミア（明るいスポットがあると縦に線が出る現象）は起こらず，手ぶれ防止などの周辺回路を同一チップに作ることができ，結果として全体の値段を安くできる．また表7.1に示すように消費電力も少ない．これらが最近の一眼レフや携帯電話などにCMOS-ISが多く使われるようになっている理由である．

表7.2 CCDおよびCMOSイメージ・センサの利点，欠点．

	CCD	CMOS
感度	◎	○
SN比	◎	○
暗電流	◎	○
スミア	○	◎
ダイナミックレンジ	○	○
混色	◎	○

引用文献

1) S.M.Sze, "Physics of Semiconductor Devices", John Wiley and Sons, 1981, p.420, Fig.49.
2) 米本和也著,「CCD/CMOS イメージ・センサの基礎と応用」CQ 出版社, 2003年.
3) 同上, p.26, 図2-4. 4) 同上, p.36, 図3-1. 5) 同上, p.84, 図3-42. 6) 同上, p.175, 図6-2. 7) 同上, p.176, 図6-3（b）. 8) 同上, p.177, 図6-4. 9) 同上, p.178, 表6-3.

練習問題

1) CCD に関連して次ぎの問いに答えよ．空いている所には適当な語句を入れよ．
   a) 深い空乏状態（Deep Depletion）とはどのような状態か，C-V 特性あるいはエネルギーバンド図を描いて，かつ3行程度の文章で説明せよ．
   b) 深い空乏状態（Deep Depletion）はCCDの動作とどのような関係があるか，3行程度の文章で説明せよ．
   c) CCDは日本語では（①）と言う．CCDはゲートにパルス状に正の電圧を加えた後の，（② sec）程度の（③ 状態）の間に動作させるデバイスである．
      この間は空乏層が通常より広く広がった（④ Depletion）の状態と呼ばれる．
   d) デジカメなどでは，（⑤）によって励起された電荷（電子）が，あるゲートの下に（⑥）められる．この電荷は光の強度に（⑦）している．
      この電荷を右に動かすためには，右側のゲート，即ち，ウェルの電位が，より（⑧）ことが必要である．したがって，信号電荷を転送させるには，基本的には（⑨）以上の駆動電圧が必要である．
   e) CCDを動作させるには少なくとも3相必要であることを，模式図を使って説明せよ．
   f) 現在のCCDのほとんどに於いて埋め込みチャンネル（Buried channel）CCDが使われている．その理由を2点挙げて説明せよ．
2) 撮像デバイス——イメージ・センサについて次の問いに答えよ．
   a) CCDイメージ・センサは①，②，③，④，からなっている．
   b) エネルギーEと波長λの関係は（⑤）のようになっており，Siのバンドギャップ（⑥）に相当する波長は約（⑦）μm である．

c) 光を電気信号に変換するには（⑤）が使われる．（⑥）を逆方向にバイアスしたもので，光強度に比例した（⑦）電流が流れる．これを蓄積すれば（⑧）になる．Si のバンドギャップは約（⑨）なので，1μm より（⑩）い波長の光は吸収される．しかし，波長によって吸収係数が異なり，特に赤い光は青に比べて吸収され（⑪）い．したがって，カラー CCD では（⑫）によって調整する．

d) CCD イメージ・センサと CMOS イメージ・センサの利点，欠点を挙げよ．

第8章

メモリ，記録

「会議の記録を取る」等と昔は紙に書くことも"記録"と言ったが，最近は通常，"記録"と言うと磁気記録や光記録の事をイメージする事の方が多い．不思議な事に半導体を使った記録は USB メモリなどと，一般にカタカナを使う．これは半導体メモリは電源を切ると消えてしまったことから来ているのかも知れない．

8.1 MOS メモリ (memory)

8.1.1 半導体メモリの構成

集積回路技術の進歩で，最近は SSD (Solid State Drive) などと大容量の不揮発性メモリが使われるようになったが，歴史的には半導体 (MOSFET) を使ったメモリは磁気記録や光記録に比べ容量が小さく，DRAM (Dynamic Random Access Memory) や SRAM (Static Random Access Memory) など，電源を切ると情報が消えてしまう，**揮発性**メモリが主流であった．電源を切っても情報が消えない半導体**不揮発性**メモリのアイディアは 1960 年代からあったが，大量に使われるようになったのは集積回路技術が進歩して，フラッシュメモリが安く供給されるようになった 2000 年以降である．

メモリの性能指数は記憶容量とアクセス時間である．記憶容量の最小単位は**ビット** (binary digit；0 か 1 か，高いか低いか，など) であるが，これではあまりにも小さいので一般には 8bit を 1 **バイト** (Byte) として 512MB—Mega Byte と言うように使われる．

半導体メモリの基本構成は図 8.1 に示すような，N×N の正方マトリックス

になっている．番地は2進法でn桁であるから縦横ともN=2^n本になる．即ち図では列デコーダに2本の入力があるから，2^2=4本の列（**ビット線**という）を選択できる．行（**ワード線**――単語を横に並んだ8ビットを使って表すのでこう呼ぶ）についても同様に2^2=4本の行から選ぶことができる．したがって，このメモリは$2^2 \times 2^2 = 4^2 = 16$ビットになる．一般には$2^n$本のアドレス線があり，

　　　n本 ⇨ 行デコーダ ⇨ 2^n本のワード線
　　　n本 ⇨ 列デコーダ ⇨ 2^n本のビット線

したがって，表8.1に示すように，通常記憶容量は$N \times N = 2^{2n} = 4^n$ bitになる．注意すべき事はn=1〜4の値を用いて，n=9の時の容量は262kbitあるが256Kb，n=14の時の容量は268Mbitあるが256Mbという．1Gbの容量は

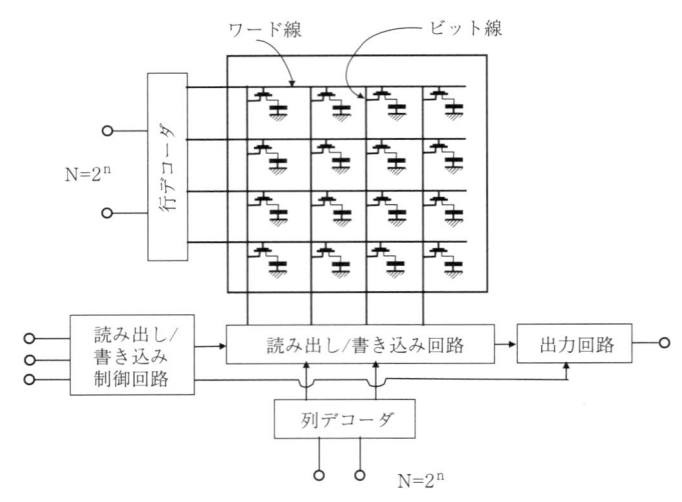

図8.1 MOSメモリの構成．

表8.1 MOSメモリの容量：記憶容量=$N \times N = 2^n \times 2^n = 2^{2n} = 4^n$bit.

n	容量	n	容量	Kbit	n	容量	Mbit
1	4	6	4,096	4Kbit	11	4,194,304	4Mbit
2	16	7	16,384	16	12	16,777,216	16
3	64	8	65,534	64	13	67,108,864	64
4	256	9	262,144	256	14	268,435,456	256
5	1024	10	1,048,576	1Mbit	15	1,073,741,824	1Gbit

Byte で言うと 134MB（Byte は一般に大文字の B で表す）あるが一般には 128MB のメモリと言っている．

8.1.2 DRAM（Dynamic Random Access Memory）

　DRAM の 1 ビットは図 8.2 に示すように，スイッチの役割をする MOSFET と電荷のあるなしで 1 ビットの記憶をする容量（キャパシタンス）からなっている．MOSFET は機械的スイッチと異なり，電流を完全に切ることはできない．図 8.3 は 6.2.2 (b) で説明した MOSFET の伝達特性を，片対数（セミログ）のグラフに示したものであるが，ゲート電圧（V_G）がしきい値電圧（V_T）以下になっても，指数関数的に減少するだけで，物理的にゼロにはできない．したがって，容量に溜められた電荷（電子）は時間の経過と共に放電してしまう．その為判別が可能な時間内に，その

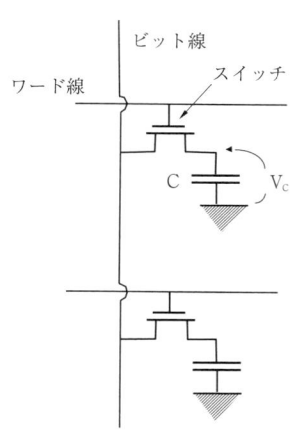

図 8.2 DRAM の 1 bit；スイッチの働きをする MOSFET と容量からなっている．

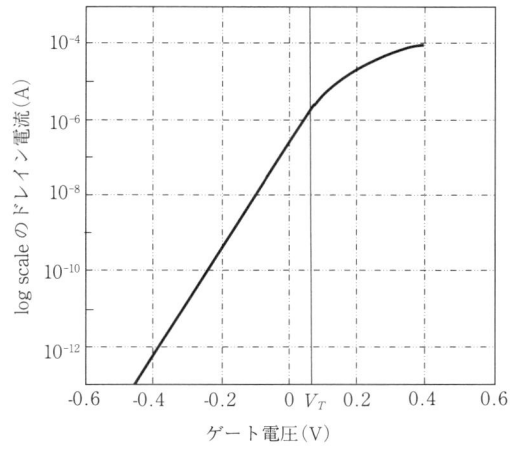

図 8.3 MOSFET の伝達特性の片対数表示．しきい値電圧以下でもドレイン電流はゼロにならない．

ビットの情報が0か1かを読み出して，図8.4に示すようにもう一度同じ情報を書き込むことが必要である．この操作をリフレッシュと言う．即ち，動作がダイナミックであると言うことで，Dynamic RAM と呼ばれている．

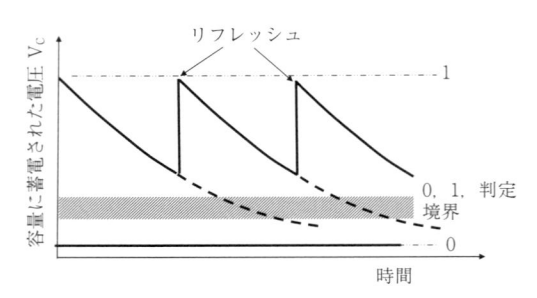

図 8.4 容量に溜められた電荷は放電するので溜め直す必要がある──リフレッシュ．

このように動作が面倒であるにも拘わらず，1MOSFET，1容量（1T1Cと言う）と言う単純さのため集積度が上げられると言う利点がある．その為4個以上の MOSFET を必要とする SRAM に比べて4倍（1世代）大きな記憶容量のメモリを提供してきた．もう1つの利点は，容量の充放電だけであるので消費電力が少ないと言う点である．欠点は先にも述べたように"リフレッシュ"が必要である点と，信号が小さく，周辺に増幅回路が必要なことである．

集積度が上がると必然的に容量も小さくなる．しかしある程度の信号を確保するには容量はどんどん小さくするわけにはいかない．DRAM の歴史は容量の大きさを保ったまま，如何に集積度を上げるかであったと言っても良い．図8.5 (a) に示すように，1つは MOSFET のドレインの上に容量を積み上げる，スタック型であり，もう1つは図8.5(b)に示すように，Si 基板に穴を開けて，その壁に容量を作る，トレンチ型である．それぞれに一長一短があるが，トレンチ型を推進していた(株)東芝が DRAM から撤退してしまったこともあって，現在生産されているものはほとんどスタック型である．

8.1.3 SRAM (Static Random Access Memory)

SRAM の基本セルは図8.6に示すような双安定のフリップフロップ回路である．この動作は電子回路の教科書に譲るとして，SRAM では電源を切らな

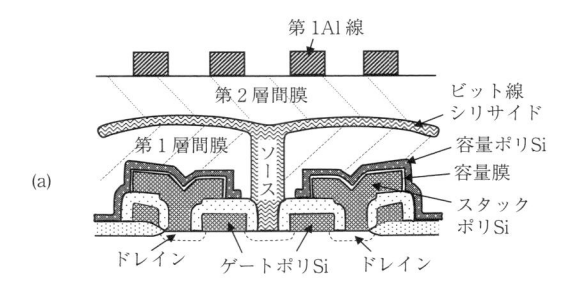

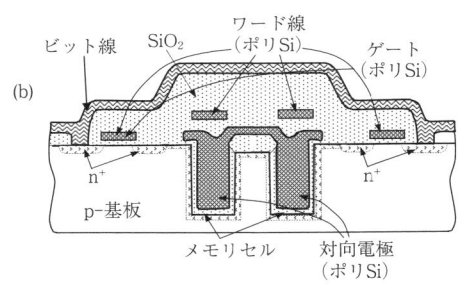

図 8.5 DRAM の構造；(a) スタック型, (b) トレンチ型.

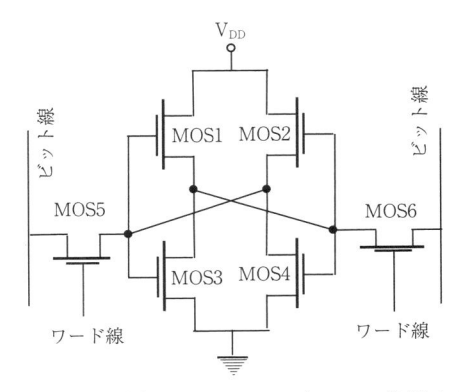

図 8.6 SRAM の構成：1bit がフリップフロップ回路になっている.

い限り論理状態は維持される．即ち，動作はスタティック（Static）である．したがって，DRAM に対する利点は i) 2 安定で情報が消えない，ii) 信号が大きい，したがって高速である，事である．欠点は複数の FET が必要であるため DRAM より 1 世代集積度が遅れる事である．

8.1.4 不揮発性メモリ

不揮発性メモリは古くから色々提案されていて，以下のような幾つかの種類がある．

 ROM；Read Only Memory
  Mask ROM；マスクパターンによって記憶内容が決定されている．
   π，exp，定数，漢字等は昔から現在までこの方式で記憶されている．
 EEPROM；Electrically Erasable-Programmable ROM
  1ビットずつ電気的に書き換えられるもの．
   ICカード，ICタグなど容量の小さなメモリに使われている．
 Flash Memory；ブロックごとにまとめて消去，書き込みを行うEEPROM．
   SD Card，USBメモリなど容量の大きなメモリに広く使われている．

(a) 構造と原理

現在広く使われているEEPROM，フラッシュメモリは図8.7 (a1) (b1) に示すように，MOSFETのゲートとチャンネルの間に，酸化膜で覆われて電極の付いていない浮遊（フローティング）ゲート-Floating Gate (FG)——を持っている．この浮遊ゲートに電子がない場合に，ゲート電圧ゼロではp形基板とn^+-ポリSiゲート，n^+-ポリSi浮遊ゲートとの仕事関数差によって，図8.7 (a2) のバンド図に示すように空乏の状態になっている．しかし浮遊ゲートに電子があると，浮遊ゲートの電位が負になるためゲートに負の電圧が掛かったのと同じになって，バンド図は図8.7 (b2) に示すように蓄積の状態になる．したがって，MOSFETの伝達特性は図8.7 (ab3) に示すように浮遊ゲートに電子があるかないかによって，カーブ (a)；FGに電子がない場合（図8.7a1）に相当——，カーブ (b)；FGに電子がある場合（図8.7b1）に相当——のようにしきい値電圧が大きく変化する．したがって，図8.7 (ab3) の点線で示すようなある基準ゲート電圧でドレイン電流をみると，論理の1とゼロを判別することができる．即ち，浮遊ゲートに電荷があるかないかによって，バイナリー情報の記録ができる．

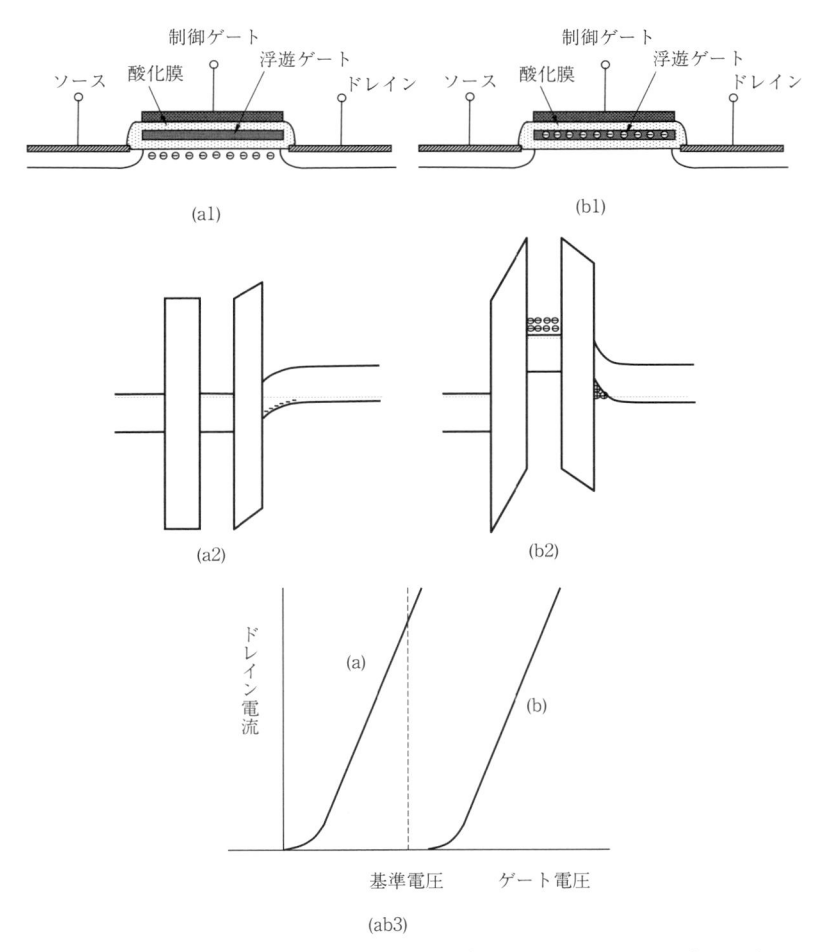

図 8.7 不揮発性メモリの原理図．(a1, b1) 浮遊ゲートに電子があるかないかの模式図，(a2, b2) それに対応するバンド図，(ab3) 浮遊ゲートの電子の有無による伝達特性，しきい値電圧の変化．

(b) 書き込みと消去

問題はどうやって浮遊ゲート (FG) に電荷を入れたり出したりするかである．不揮発性メモリの歴史はその方法の歴史と言っても良い．昔は紫外線を当てて FG に溜められた電子を，酸化膜の障壁の外に逃したりしていたが，紫外線を

照射できるパッケージが必要な上，装置も複雑で消去の時間も掛かり，不揮発性メモリが普及するには至らなかった．現在では集積回路技術の進歩により，次に述べるようなトンネル効果による書き込み，消去を再現性良くできるようになり，消去と書き込みをブロックごとに行うフラッシュの構想により，急激な発展と普及が可能になった．

現在消去や書き込みには，主にファウラー・ノードハイム・トンネリング（Fowler-Nordheim Tunneling）と言う方法が使われている．酸化膜の厚さが10nm程度の場合，電圧が掛かっていないと，図8.8（a）に示すようにFGに溜められた電子がトンネル効果で酸化膜を通り抜けることは殆どない．どの程度電荷が保持されているかと言うと，図8.9に示すように125℃と言う高温でも，10^5時間（約10年）以上電子がFGに留まっている．これに対して酸化膜に電界が掛かると，エネルギーバンド図は図8.8（b）のようになる．トンネル遷移は同じエネルギー準位の所で起こるので，電界が掛かることによって酸化膜の実質的な厚さは，実際の酸化膜の厚さの数分の1以下になる．トンネル確率は厚さに対して指数関数的に増大するので，酸化膜にある程度大きな電界を掛けることによって，FG中の電子を瞬時に引き抜くことができるようになる．このように電界を掛けることによって絶縁物の実質的な厚さが減少しトンネルが起こることをFNトンネルと言う．

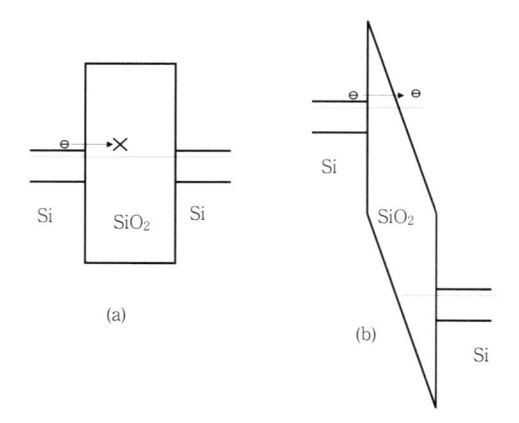

図8.8 Fowler-Nordheim（FN）Tunneling の原理図．（a）電圧が掛かっていない場合．（b）電圧が掛かった場合．

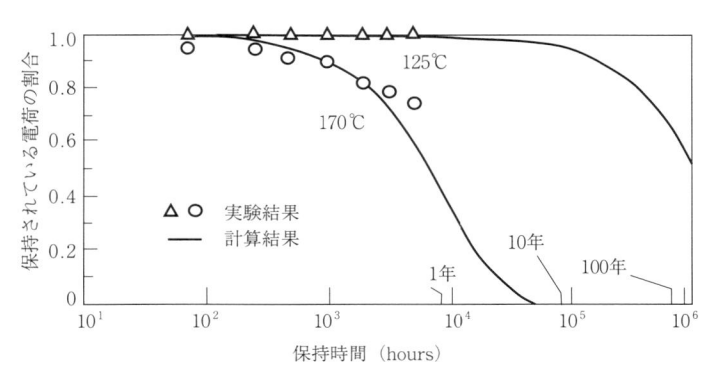

図 8.9 10nm の酸化膜に囲まれた電子の保持時間[1].

　消去をブロックごとに行う**フラッシュメモリ**にはNAND型とNOR型があって，NAND型では消去も書き込みも，浮遊ゲートとチャンネルあるいはソースやドレインとの間のFNトンネルにより行われる．ブロックの大きさの例としては，消去が128KB，書き込みが2KBである．NOR型では書き込みを，チャンネルのドレイン側で衝突電離を起こして高エネルギーになった電子（hot electron）を用いて行われる．その為書き込み時間がNAND型の20倍近く掛かり，書き込みのブロックは2Bである．記憶容量の大きなSD cardやUSBメモリは主にNAND型のフラッシュメモリが使われている．NOR型は読み出し時間が短いのでコードデータの保存などに使われている[2]．

　集積回路技術の進歩によって，昔なかなか難しかった1ビットずつの消去，書き込みをするEEPROMも現在は可能になり（実際には1バイトずつ行っている），記憶容量が比較的少ないSuicaなどのICカードにはEEPROMが使われているようである．

8.2　磁気および光記録

　昔は音楽や人の声を録音するには，テープレコーダが使われていた．映画などの映像の録音もビデオテープ・レコーダだった．最近は音声や映像もCD（Compact Disc），DVD（Digital Versatile Disc），HDD（Hard Disc Drive）に録音される．更に8.1節で述べたフラッシュメモリの大容量化，低価格化に

よって音声はICレコーダ，ビデオカメラの映像記録にも半導体メモリが使われるようになりつつある．しかし，フルハイビジョンの映画やTV番組は，容量の大きなBlu-ray（波長の短いレーザを使ったDVD）やHDDでなければ記録することは難しい．

8.2.1 磁気記録

テープレコーダやHDDは磁性体薄膜の磁化によって記録される．最近の磁気記録密度の向上はめざましいものがあり，図8.10に示すように1990年代までは10年で10倍程度であったものが，約5年で10倍になっている．

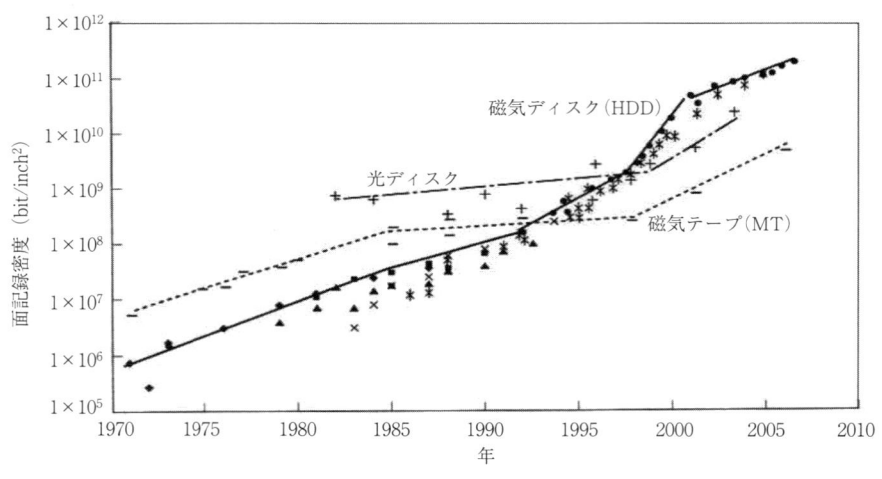

図8.10 磁気記録密度の年次変化[3]．

(a) 動作原理

図8.11は磁性体の磁化特性を示したものである．良く知られているように磁性体はヒステレシス（行きと帰りで経路が異なる）を持つ．これをゼロ，1の記録に使う．磁性体には図8.12に示すような磁区というものがあって，その境界（磁区壁という）が外部磁界によって移動し，最終的には全体の磁化が一方向になる．外部磁界が弱くなって，ゼロになっても磁区壁は元の所まで戻らず，残留磁化が残る．逆方向に磁界が掛かった場合も同じで，反対方向の磁化が残り，図8.11のようなヒステレシスが生ずる．これが磁気記録を可能に

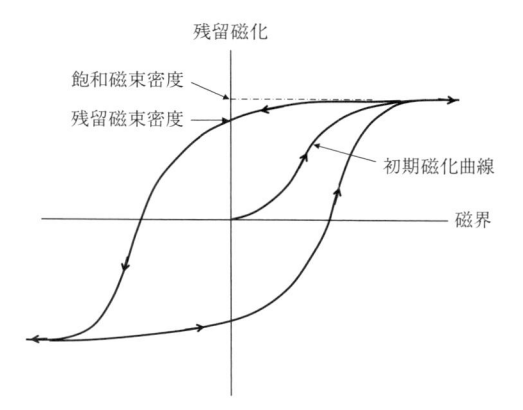

図8.11 磁化特性．残留磁化が残る．

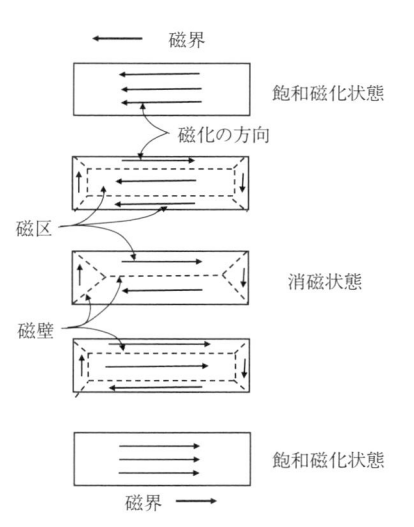

図8.12 磁界による磁区の変化．

している．
(b) テープレコーダ

プラスチックのテープに磁性体が塗布されており，磁気ヘッドで磁性体膜を磁化して記録をする．磁性体膜の微少な残留磁化をコイルあるいはMR（Magnet Resistance—磁気抵抗）の変化で検出する．音楽用のテープレコーダ

では，書き込み読み出し用の磁気ヘッドは固定されていて，テープの移動する速度は100mm/s程度である．したがって，1kHzの信号の1周期（1ms）に相当する信号が記録されているテープ長は0.1mm程度になる．音楽は大体最高20kHz程度までしか録音していないので，何とか磁性体薄膜にこの程度までの信号は録音できる．

(c) VTR（Video Tape Recorder）

ところが映像を記録するVTRでは，テープレコーダに比べて格段に情報量が多い．例えば1MHzの信号をテープレコーダと同じように記録しようとすると，テープ速度は100m/sになる．これは不可能だしテープが長くなってかなわない．そこで考え出されたのが図8.13に示すような回転磁気ヘッドである．VTRでは磁気ヘッドはドラムに固定されていて高速で回転する．幅の広い磁気テープがこのドラムに斜めに接触しながら移動し，信号は図に示されているように斜めの多くの線で記録される．その結果テープと磁気ヘッドの相対速度は100m/sにもできる．

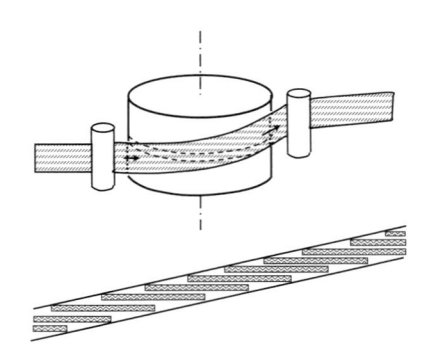

図8.13 VTRの回転磁気ヘッドと記録方式．

(d) HDD（Hard Disc Drive）

HDDはもともとは大型コンピュータの記録装置として使われていた．どんどん小型化されて現在ではiPodなどの携帯音楽プレーヤにも使われている．テープレコーダやVTRとの違いは，磁性薄膜が薄い金属円盤上に塗布されていて，図8.14に示すようにこの磁気ディスクが高速回転している．磁気ヘッドは半径方向に動くことができて，磁気ディスク上の所望のトラックにアクセ

スすることができる．即ち，テープと異なり HDD ではランダムアクセスが可能である．その代わりにテープのように取り外して持ち運ぶことができない．

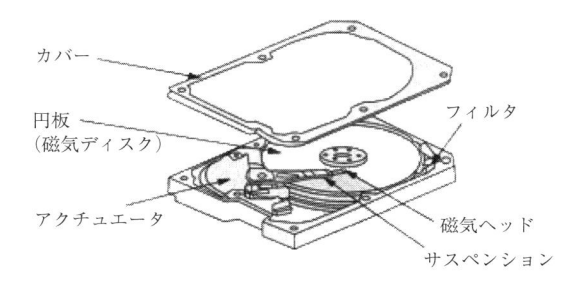

図8.14 HDD の基本構成．磁気ヘッドが磁気ディスクの半径方向に移動[4]．

磁気記録の性能は磁性薄膜だけでなく，磁気ヘッドによって大きく支配される．図 8.15 に HDD 用磁気ヘッドの構造例を示すが，書き込みに関しては磁界を作らなければならないので，コイルが不可欠である．如何に小さな磁性体ギャップのところに大きな磁界を作れるかが決め手になる．読み出しの方は磁界によって何かが変われば良い．最近は GMR（Giant Magnet Resistance）や TMR（Tunnel Magnet Resistance）など，トンネル電流が磁界によって大きく変わる現象を使うことによって，微少な磁界の変化を検出できるようになり，それが記録密度の急激な増大に大きく寄与している．

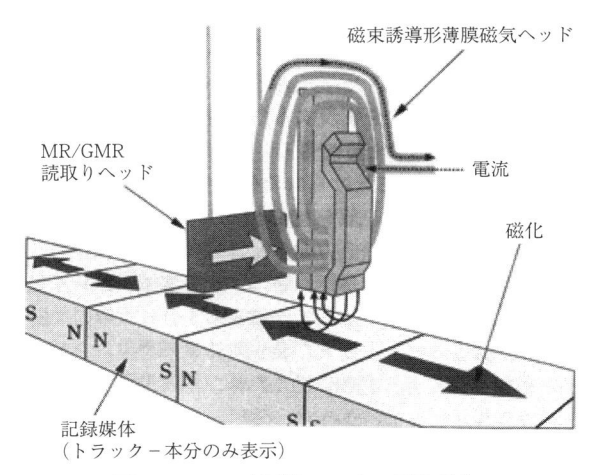

図8.15 HDD 用磁気ヘッドの構造例[4]．

8.2.2 光記録

　光記録は読み出しあるいは記録，読み出しの両方にレーザ光を使う記録媒体（光ディスク）でCD (Compact Disc)，DVD (今:Digital Versatile Disc，昔:Digital Video Disc)，BD (Blu-ray Disc; 青紫色レーザを使ったDVD) がある．この他に光と磁気を使ったMO (Magnet Optical Disc)，その一種であるMD (Mini Disc) があるが，ICレコーダやBDの発展によりその役割を終えつつある．

(a) 特　徴

　光記録あるいは光ディスクの特徴は，非接触で記録，読み出しができることである．その為，CDやDVDなどの記録媒体を容易に脱着でき，したがってディスクだけを持ち運びできる点である．この点で記録容量の大きなHDDより勝っている．

　もう一つの大きな特徴は，光ディスクではプラスチック板に凹凸をつけることにより，ソフトの生産が容易にかつ安くできることである．したがって，現在では音楽や映画などのソフトはほとんどが光ディスクで売られている．

(b) 原理と構造

　昔のレコードでは針と溝の接触で振動板が振動し，記録を再生していたが，CD，DVDなどの光ディスクでは図8.16に示すように溝の有無あるいは膜の反射率の違いによる，反射光の強度の変化を検出して，ゼロか1かのバイナリー情報を読み取っている．

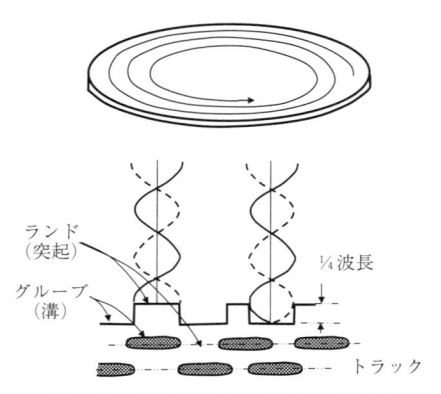

図8.16　再生専用CD，DVDの原理図．

記録密度を決めるものは図 8.17 に示すように記録マーク径，即ち記録や読み出しの為のレーザ光のスポットの大きさで決まる．スポットの大きさは波長 λ と光学系の開口数 NA により次のように決まる．

$$a = 0.8\lambda/NA \tag{8.1}$$

したがって，レーザ光の波長は短いほど記録密度は高くなり，BD でハイビジョン映像の記録ができるようになったのは，レーザ光の波長が従来の DVD の 650nm から 405nm になったことが大きく寄与している．

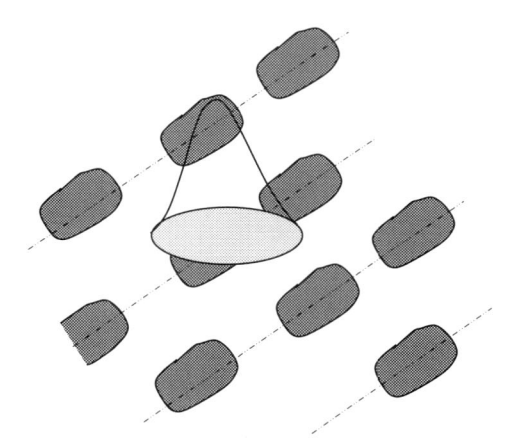

図 8.17 レーザ光のスポットと信号溝の関係．

因みにスポットの大きさは CD の場合でも 0.4μm ぐらいである．この大きさは 1000 倍して CD の大きさを 120m（校庭ぐらいの大きさ）にしても，約 0.4mm（シャープペンの芯の太さぐらい）にしかならない．これを可能にしているのは，集積回路技術で進歩した微細加工技術である．

(c) CD から DVD，BD への特性改善

図 8.18 は BD，DVD，CD の構造，使用レーザ光の波長，開口数，記録密度等を比較したものである．CD から BD へレーザ光の波長は約半分，開口数は約倍，したがって (8.1) 式に従えば記録スポット径は約 1/4，記録密度は 16 倍，約 11GB にしかならない．実際には CD から DVD に進歩する時に，図 8.19 に示すような隣同士のトラックの段差を 1/4 波長ずらす；land & groove 方式と言うものが導入され，記録密度が約 2 倍に増大している．図 8.18 では

溝が模式的に平らなところに作られているように示されているが，これだとクロストークと言って隣のトラックの信号を拾いやすい．隣のトラックとの段差を1/4波長ずらす事によって，隣とのクロストークが少なくなり，より高密度にトラックを作ることができるようになり，(8.1) 式によれば0.6倍ぐらいにしかならないトラックピッチがDVDでは$0.74\mu m$とCDの0.4倍ぐらいになっている．この他に信号符号化の改良等により，現在のBDでは1層で25GBの記憶容量が得られている．

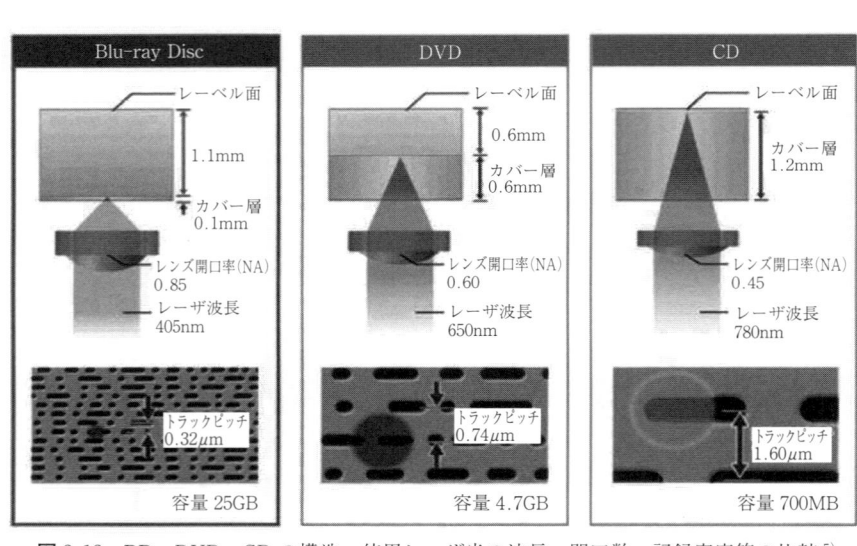

図 8.18 BD, DVD, CD の構造，使用レーザ光の波長，開口数，記録密度等の比較[5]．

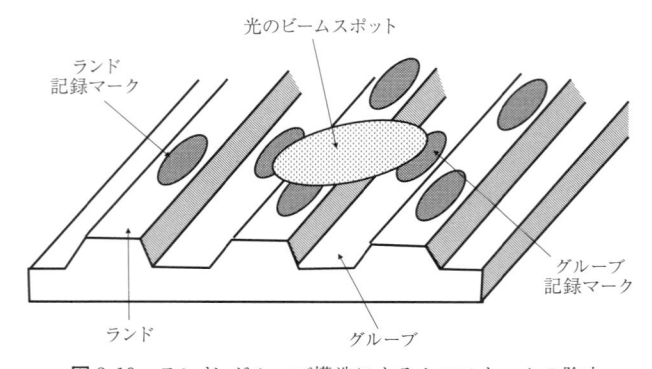

図 8.19 ランド，グルーブ構造によるクロストークの除去．

更にこれを2層にすることにより，BDでは1枚で最大50GBの記録ができるようになった．それでも図8.10に示したHDDの記録密度は1インチ平方で100GB以上であるから，記録密度に関しては磁気記録には敵わない．

(d) 光ディスクの種類

良く知られているように，光ディスクには書き込みのできないもの，1回だけ書き込めるもの，何回も書き換えられるものがある．

i) 再生専用型光ディスク

図8.20に示すように，ディスクにはあらかじめ凹凸の形で信号が記録されている．くぼみの深さは～$\lambda/4n$（λ：波長，n：基板の屈折率）で，図8.16に示すように振幅最大のところで反射した場合と最小のところで反射した場合で，反射光の強度がことなることから，記録されているゼロと1を区別できる．

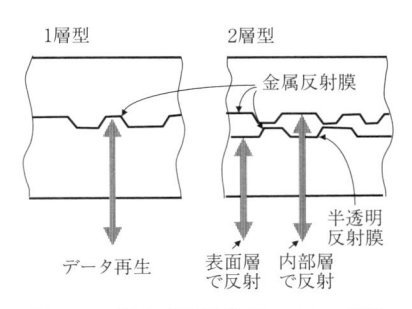

図8.20 再生専用型光ディスクの構造．

ii) 追記型光ディスク

1回だけ，書き込むことのできるもの．通常レーザ光を記録膜に当て微小領域を加熱し，幾何学的変形（PbTeSe等）や結晶状態を変化（Sb-Se/Bi-Te等）させることにより反射率を変化させ，反射光の微少な変化を信号として検出する．図8.21は実際にCD-Rに書き込んだ表面の顕微鏡写真である．焼けこげたような形でバイナリー信号が記録されている事が分かる．一緒に示されている昔のレコード盤の溝に比べて如何に高密度になっているか分かるであろう．

iii) 書き換え可能型光ディスク

急冷や徐冷によって，結晶になったりアモルファス（非晶質）になったりす

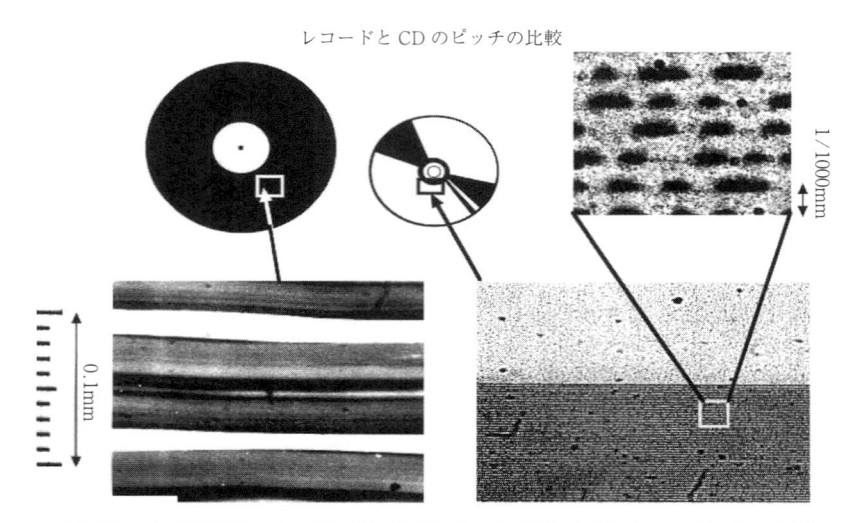

図8.21 追記型光ディスクCD-Rに書き込まれた信号．左側はレコードの溝の写真．

る，相変化型の記録媒体を使ったDVD，BD用光ディスクである．記録媒体としてはGeSnTe系やInSnTe系などがある．図8.22に示すように，強いレーザ光を短時間照射し，約600℃まで急激に温度を上げて記録膜を溶解し，レーザ光を切って急冷すると記録膜はアモルファスになり，結晶の場合に比べて20%ほど反射率が下がる．図8.23は実際にDVDに記録された表面を示したもので，円あるいは長円状に黒くなっている所がアモルファスになっている所である．

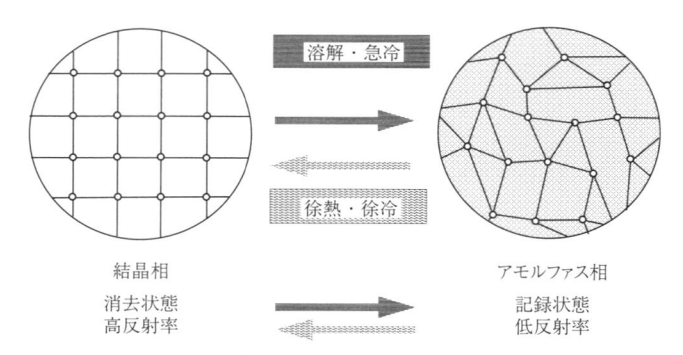

図8.22 溶解・急冷，徐熱・徐冷による結晶相とアモルファス相間の相変化．

第8章 メモリ,記録

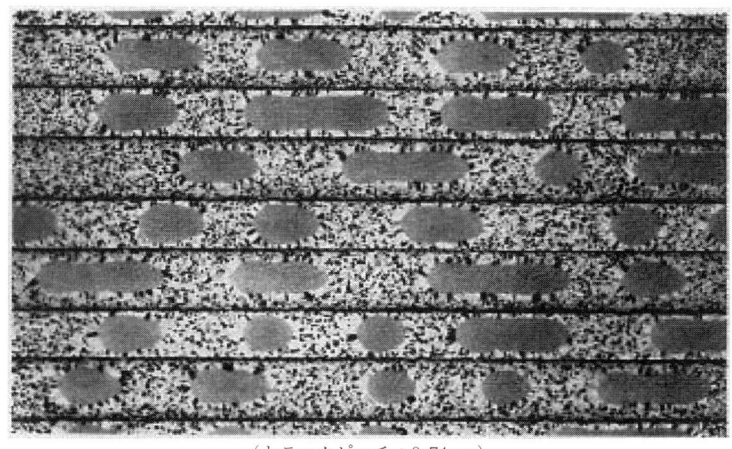

(トラックピッチ:0.74μm)
図 8.23 相変化型の膜に記録された信号ピット[6].

　これを消去し新しい情報を書き込むには,図 8.24 に示すように中程度の強度のレーザ光を照射し,中程度の温度で記録媒体を加熱し,記録膜を結晶化させれば良い.図 8.23 に示したように,反射率の違いによって記録を再生させることができる.

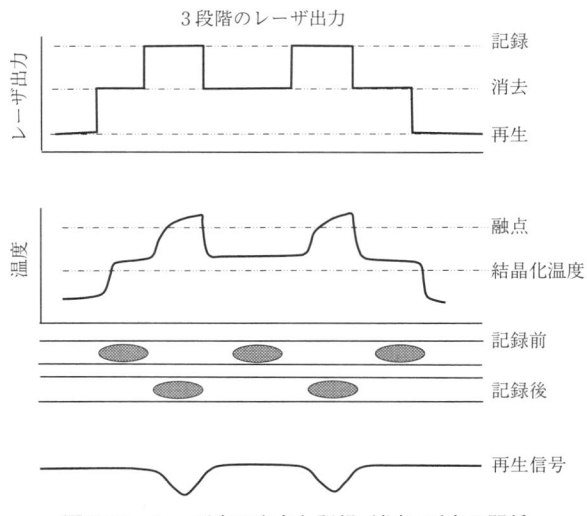

図 8.24 レーザ光の出力と記録,消去,再生の関係.

引用文献

1) S.M.Sze, "Physics of Semiconductor Devices", John Wiley and Sons, 1982, p.504, Fig.68.
2) （株）東芝，電子デバイス，スペックシートより．
3) 三浦義正「情報化社会のストレージ技術」電子情報通信学会誌 89 巻 11 号（2006年）p.938.
4) 高野公史「進化するハードディスク」電子情報通信学会誌 89 巻 11 号（2006年）p.988.
5) Panasonic の home page より．
6) 菅谷寿鴻「書き換えできる DVD」応用物理 67 巻 1 号（1998 年）p.3.

練習問題

1) MOS メモリに関連して次の問いに答えよ．
   a) メモリの記憶容量が，4 の n 乗になっている理由を，授業で示したような正方マトリックスを描いて説明せよ．
   b) DRAM の 1 ビットの構成を示せ．
   c) DRAM は（ ① ）に電荷があるかないかで 0 と 1 を区別する．MOSFET は完全には電流を遮断できないので，（ ① ）に溜められた電荷は，時間と共に（ ② ）する．したがって DRAM では，適宜信号を読み出し，同じ信号を（ ③ ）ことをしている．これを（ ④ ）と言う．その為に，DRAM の 1bit の回路は簡単だが，（ ⑤ ）は複雑になる．
   d) SRAM の基本構成は何回路と呼ばれるものか？
   e) DRAM, SRAM の利点，欠点を比較せよ．
   f) 不揮発性メモリの構造の模式図を描き，その動作原理を伝達特性（I_D vs V_G）を描いて説明せよ．
   g) Flash Memory は EEPROM の一種であるが，ある大きさの（ ① ）の記録をまとめて消去をするので，EEPROM より（ ② 度）が上がり，作りやすくなる．信号の消去には通常（ ③ 効果）が使われる．
   h) 不揮発性メモリの書き込み，消去にはどのような物理現象が使われるか？

2) 磁気および光記録について次の問いに答えよ．
   a) 次の略語の元の英語名を記せ．
      VTR, HDD, CD, DVD
   b) アナログに対するデジタルの最大の長所を述べよ．
   c) 磁気記録ではどのようにゼロ，1を記録しているか？
   d) 音楽用のテープレコーダとVTRの違いを2点挙げよ．
   e) HDDと（テープレコーダ，VTR）の違いを2点挙げよ．
   f) 光記録の磁気記録に対する利点を3点挙げよ．
   g) 光記録の記録密度を決めているものは何か？
   h) 再生専用，追記型，書き換え可能の光ディスクの違いを説明せよ．
   i) 相変化型の書き換え可能の光ディスクの原理を説明せよ．

第9章

ディスプレイ

　ディスプレイは各種電子装置から人間へ，視覚を通じて情報を伝達する装置である．昔はテレビも白黒の時代があったが，現在は総てカラーになっている．カラーは**光の三原色**，赤（Red），緑（Green），青（Blue）—RGB—を混ぜ合わせることによって作ることができる．RGBを混ぜ合わせた時白色になるような明るさを，図9.1に示すようにxyz軸上の基準に取ると，総ての色は(111)面の三角形上に表示することができる．これに数学的な操作をして使いやすく平面にしたものが，図9.2に示す**色度図**と言われるものである．総ての色はこの面上で表される．したがって，ディスプレイではRGBの1組を1画素とし，RGBの強さを変えることによって，何千種類もの色を表示することができる．

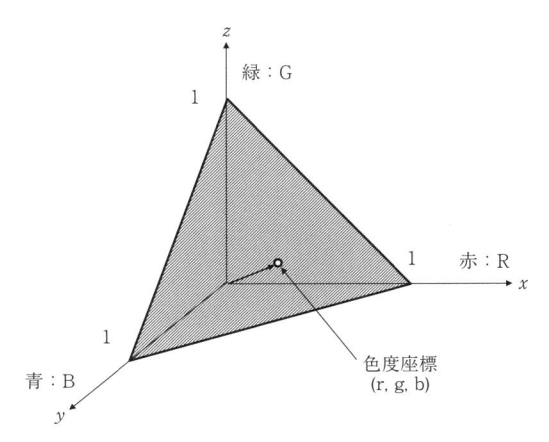

図9.1　三刺激値と色度座標との関係

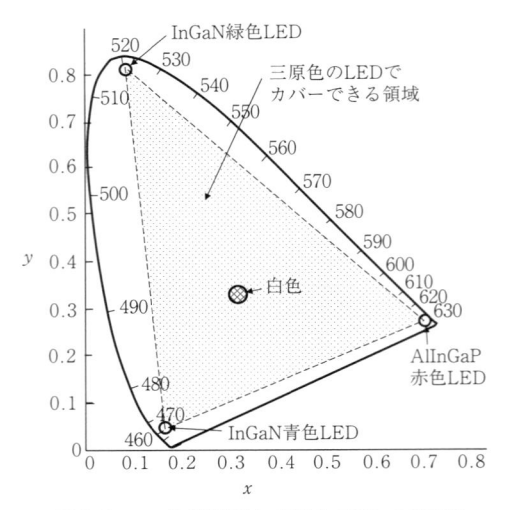

図 9.2 x–y 色度座標と代表的 LED の発光色.

9.1 ディスプレイの種類

ディスプレイには次のようなものがある．
　CRT（Cathode Ray Tube），LCD（Liquid Crystal Display）
　PDP（Plasma Display Panel），EL（Electro Luminescence）
　LED（Light Emitting Diode），FED（Field Emission Display）
CRT（ブラウン管）と言うのは 1893 年ドイツ人の K.F.Braun によって開発されたので，日本とドイツではブラウン管と呼ばれている．2000 年頃まではほとんどのテレビにブラウン管が使われていた．21 世紀に入って LCD（液晶ディスプレイ），PDP（プラズマディスプレイパネル）が急速に発展し，2010 年現在市販されているテレビは総て LCD か PDP を使っている．はじめは，比較的小型のテレビは LCD，大型のものは PDP と言う棲み分けがあったが，LCD の大型化が進み PDP の領域だった 40 インチ以上も LCD が支配しつつある．

　LCD（液晶ディスプレイ）は自分では発光しない．液晶に電界を掛けることで光の透過をオン・オフできるので，バックライトと言われる後ろの蛍光灯

（最近は白色 LED が使われつつある）からの光を制御して映像を表示している．

　PDP（プラズマディスプレイパネル）は小さな蛍光灯を並べたようなものである．自分で発光するので LCD より色がきれいだと言われているが，本質的に小さく作ることに限界がある．消費電力が大きいことも欠点である．

　EL（エレクトロルミネッセンス）には無機 EL と有機 EL があるが，最近注目されているのは有機 EL である．これは LCD と違って，電圧を掛けるだけで自ら発光するので，バックライトが必要なく，したがってより薄くできるし，消費電力も少ない．携帯電話などには既に一部実用化されているようであるが，大型化が難しく未だ信頼性が充分ではない．15 インチのテレビが学会発表や展示会等に出展されているが，価格的にも未だ LCD に遠く及ばない．無機 EL は不純物を添加した ZnS 膜に高電界を掛けて発光させるもので，1960 年頃提案され注目されたが，本質的に発光効率が悪く，輝度も不十分で今はほとんど使われていない．

　LED（発光ダイオード）は InGaN で青色，緑色 LED が実用化され，光の 3 原色が揃った．何万個もの LED を並べたサッカー場の大型スクリーンは多くの人を楽しませている．街中の宣伝用大型スクリーンや電車の発着表示にも使われているが，同じ方式で家庭用のテレビに使うには，LED チップが大き過ぎ配線も複雑になりすぎる．現在（2010 年）LCD のバックライト用蛍光灯に白色 LED が急速に置き換わりつつある．

　FED（電界放出ディスプレイ）は小型のブラウン管（CRT）を並べたようなもので，微細加工技術により電界放出冷陰極が可能になったために開発されたものである．キヤノン（株）が一時生産を開始するとのことで新工場の設立まで新聞発表したが，結局価格的に LCD に対抗することが難しく，断念したようである．

9.2　CRT（ブラウン管）

　構造は図 9.3 に示すように，真空容器の中に電子銃，偏向系，シャドウマスク，蛍光体などが納められている．電子を加速し蛍光体を励起するために 20kV 近い高圧が掛かっており，構造から画面が大きくなると必然的にそれに比例して奥行きも長くなる．強度を保つために真空ガラス容器も大きくなり，

重さも重くなる.

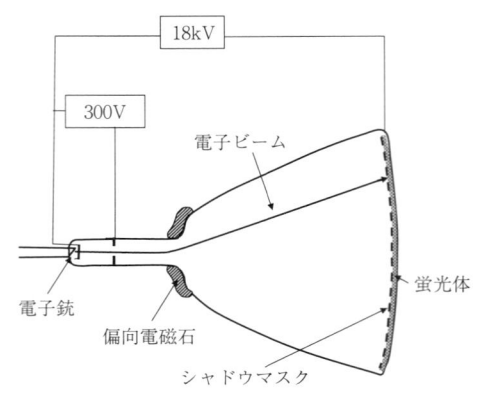

図 9.3 ブラウン管（CRT）の構成.

　真空管と同様，真空中に電子を放出するためには，熱陰極と言って仕事関数の小さな材料で覆われたフィラメントを千度以上に加熱する必要がある．その為，電源を入れてからしばらくしないと動作しないし，必要な電力も大きくなる．LCD に慣れた世代から見れば，ずいぶん大がかりなものを使っていたものだ，と思うことであろう．しかし，シンクロスコープなどの計測器には，今でも CRT（ブラウン管）が使われている．真空中で電子を曲げるとか，蛍光体は他の機器でも使われるので，ここで少し説明して置こう．

9.2.1 偏向系

　真空中の電子は電界を掛けても磁界を掛けても曲げることができる．電界で曲げる場合は静電偏向と言って，図 9.4 に示すように電界のあるところだけで曲げられ，後は直線的に進む．高い周波数まで動作するので主に測定用 CRT に使われる．磁界で行う図 9.5 のような電磁偏向は，ガラス管の外から磁界を掛けて電子を偏向でき，偏向角も大きく，高耐圧にできるのでテレビ用のブラウン管はほとんど電磁偏向である．

第9章 ディスプレイ

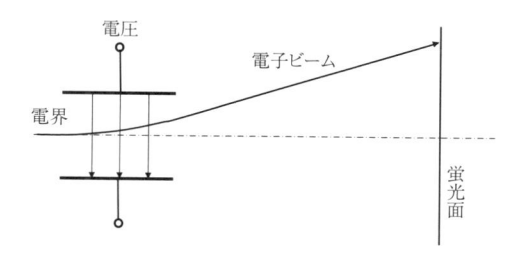

図 9.4 静電偏向の構成.

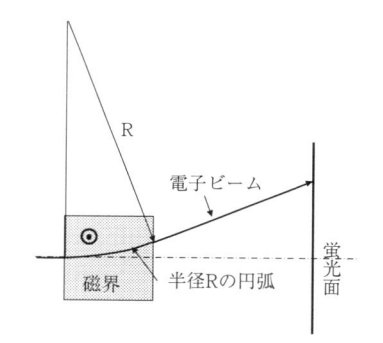

図 9.5 電磁偏向の構成.

9.2.2 蛍光体と蛍光面
(a) 発光,蛍光現象

後章の発光デバイスで詳しく説明するが,半導体や絶縁体の中で電子が高いエネルギー状態（励起状態）から低いエネルギー状態（基底状態あるいは熱平衡状態）に運動量を変化させないで遷移する時にフォトン（光）が放出される．これをルミネッセンス（luminescence）と言う．この内発光の減衰の速いものは蛍光（fluorescence）と呼ばれ,減衰の遅いものはりん光（phosphorescence）と言われる．エネルギーの高い状態への励起は,CRT（ブラウン管）では電子を衝突させて行う（カソードルミネッセンス：CL）が,より高いエネルギーの光で励起するフォトルミネッセンス（PL）,電界により励起するエレクトロルミネッセンス（EL）などがある．

図9.6 (a) は一般的な半導体あるいは絶縁体中でのルミネッセンスの過程を示したもので,伝導帯に励起された電子が一旦ドナーにトラップされ,その

後より低いエネルギーのアクセプタ準位（発光中心）に落ちる時発光する．因みに発光ダイオードやレーザ・ダイオードでは，図9.6（b）に示すように電子が伝導帯から価電子帯に直接遷移する時に発光する．したがってもちろん伝導帯の底と価電子帯の頂上の結晶運動量が一致している，直接遷移型半導体でないと効率よくは発光しない．

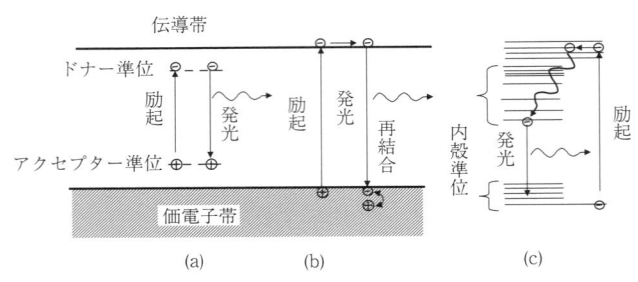

図9.6 発光遷移過程；(a) 不純物準位間の発光，(b) バンド間発光，(c) 内殻準位間の発光．

ガス中や絶縁体中の希土類元素や遷移金属では，図9.6（c）に示すように最外殻は既に電子が詰まっていて，内側の殻に空いている所があり，これらのエネルギー準位間で発光する場合がある．最外殻で覆われているために，外部電界や格子振動（温度）の影響を受けることが少なく，鋭く安定した発光が得られる．光ファイバー通信の増幅用にはファイバー（石英）中のこのような希土類金属が使われている．

(b) CRT用蛍光体の例

蛍光体の母材結晶（実際には焼結された微結晶）には $ZnSiO_4$ や Y_2O_3 などの酸化物，ZnS などの硫化物が使われ，この中に発光中心として Ag，Cu，Mn，Eu などの元素がドープされている．電子の進入深さは $1\mu m/10kV$ 程度と浅く，発光強度は電流密度よりも電圧が高いほど強くなるので，テレビ用ブラウン管では 20kV 等の高電圧が使われている．

PDP でも似たような蛍光体が使われているが，最近では青色，緑色の蛍光体に $BaMgAl_{10}O_{12}:Eu$ や $BaMgAl_{12}O_{14}:Mn$ など新しい蛍光体が使われているようである．

9.2.3 テレビ用ブラウン管
(a) シャドウマスク型

テレビの発明は浜松高等工業学校（現静岡大学工学部）にいた高柳健次郎という人によって1926年になされたが，第二次世界大戦などで中断された．最初のカラーブラウン管は1951年に米国のRCAと言う会社で開発され，長い間業界の標準となっていた．シャドウマスク型と言われ，図9.7に示すように3つの独立した電子銃からの電子が，金属マスク（シャドウマスク）を通った後，それぞれR，G，Bの蛍光体を励起して1つのカラー画素を作っている．

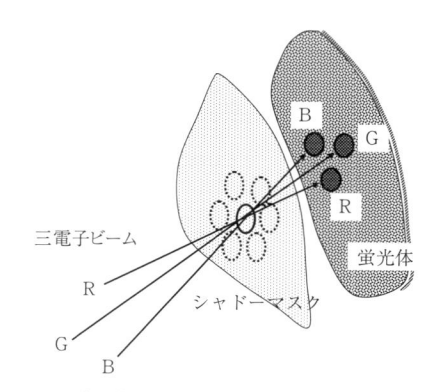

図9.7 三電子銃，シャドウマスク型カラーブラウン管．

(b) トリニトロン方式

1968年ソニーは図9.8（a）に示すようなトリニトロン方式と呼ばれるカラーブラウン管を開発した．この特徴は，それまでのシャドウマスク方式が独立した3つの電子銃を使っていたのに対して，「単電子銃三電子ビーム」による構造の簡略化，電子ビーム透過率の向上をはかった点である．図9.8（b）に示される光学等価モデルから分かるように，大口径電子レンズによって収束特性が向上し，ビーム入射位置の余裕が増大し，結果として高色純度で明るい画像が得られるようになった．ソニーのトリニトロンは一世を風靡したカラーブラウン管である．

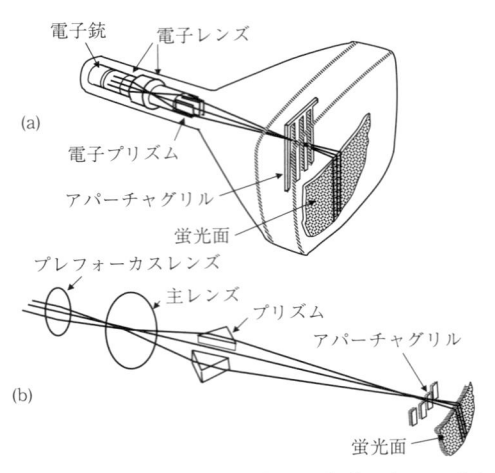

図 9.8 ソニーで開発されたトリニトロン方式のカラーブラウン管.

9.3 LCD（Liquid Crystal Display）

LCD（液晶ディスプレイ）は液晶----液体と結晶の両方の性質を持った有機材料----に電界を掛けることにより光の透過や反射を制御して画像を表示する装置である．自分では発光しないので，テレビやパソコンではバックライトと呼ばれる光源が必要である．

9.3.1 LCD の動作原理

図 9.9 に示すように，直交した偏光板の間に液晶が挟まれている．電圧が掛かっていない場合，図 9.9（a）に示すように上の偏光板である一定方向に偏光された光が，液晶で 90 度回転して下の偏光板に入るので，光は透過して明るく見える．電圧が掛かると図 9.9（b）に示すように液晶が縦に延びて，液晶部分で光が回転しなくなるので，上の偏光板で偏光された光は下の偏光板では透過しなくなる．したがって，光は遮断され黒く見えることになる．

第9章 ディスプレイ

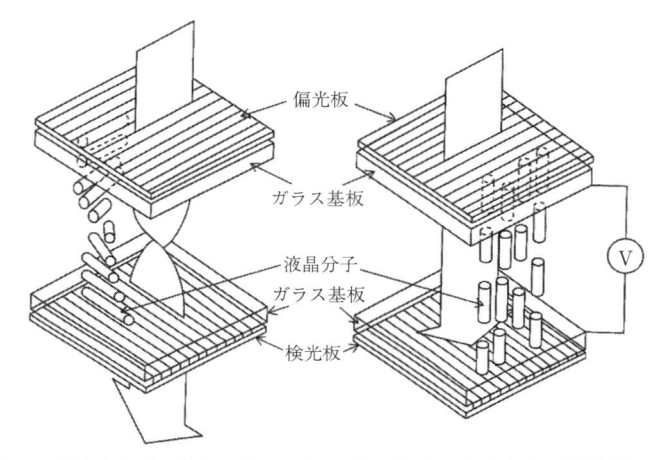

図 9.9 LCD の動作原理．(a) 電圧が掛かっていない状態，(b) 電圧が掛かった状態 [1a]．

9.3.2 カラー TFT 液晶モジュールの構造

全体構造は図 9.10 に示すようになっている．

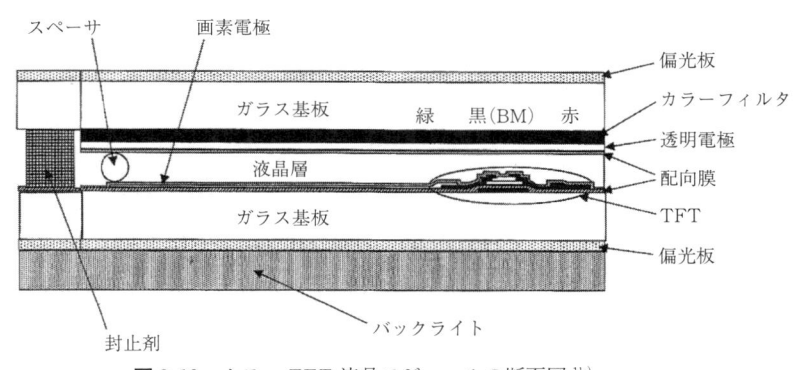

図 9.10 カラー TFT 液晶モジュールの断面図 [1b]．

偏光板；特定の偏光成分を透過または吸収
ガラス基板；液晶パネルを構成する透明な基板．凹凸は $0.05\mu m$ 以下
カラーフィルタ；RGB の染料や顔料の入った樹脂膜
透明電極；透明導電性薄膜（ITO：Indium Tin Oxide）
配向膜；液晶を配向させるための有機薄膜

液晶層；数種類のネマチック液晶を混合して調整
スペーサ；液晶の厚さ（セルギャップ）を制御する粒子
画素電極；画素となる表示用の ITO 電極
バックライト；冷陰極蛍光管，白色 LED 等

9.3.3 液晶とは

　形状は液体でありながら，結晶と良く似た性質を持つ有機物質である．液晶分子の構造は，図 9.11 に示すように骨のように固い部分と縄のようにぐにゃぐにゃした柔らかい部分とからできている．その為液体の自由さと固体のような規則正しさを兼ね備えている．

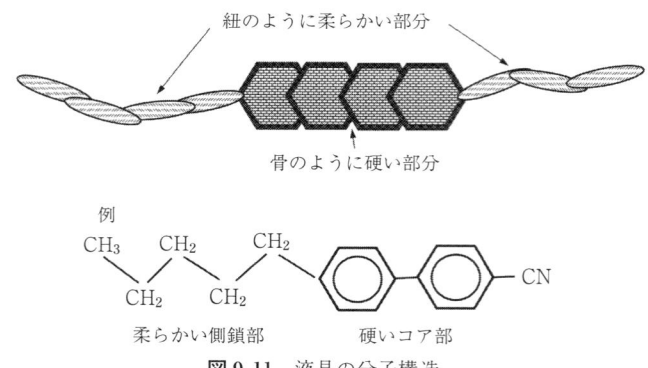

図 9.11 液晶の分子構造．

　液晶の種類としては，図 9.12 に示すように，ギリシャ語で石鹸を意味する**スメクティック液晶**と言うものと，ギリシャ語で糸を意味する**ネマティック液晶**と言うものがある．前者は短軸方向に引っ張り合う力が強いので，図 9.12 (a) のように層状になっている．後者は長軸方向に引っ張り合う力が強いので，図 9.12 (b) のように縦方向に連なっている．

9.3.4 分子と光の相互作用

(a) 電子雲と偏光

　原子の周りの電子は高速で回転しているので，粒子ではなく実際には雲のようにぼわ〜っと存在している．これを電子雲と言う．図 9.13 は酸素分子の電

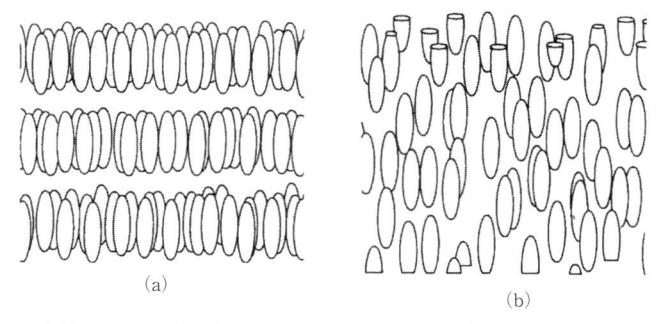

図 9.12 液晶の分子配列．a) スメクティック液晶層，b) ネマティック液晶層 [1c]．

子雲を示しているが，酸素が2つ連なっているので，電子雲はピーナッツのような形をしている．光は電磁波の一種であるから，電界が電子の動きやすい方向と一致すると，光のエネルギーが電子を動かすことに使われて，光は吸収される．図9.13の酸素分子で言うと，上（ピーナッツの側面）から入った光は，横（軸方向）から入った光より吸収される．実際には酸素分子自体が高速に動き回っているので，光の吸収方向に違いは出ない．

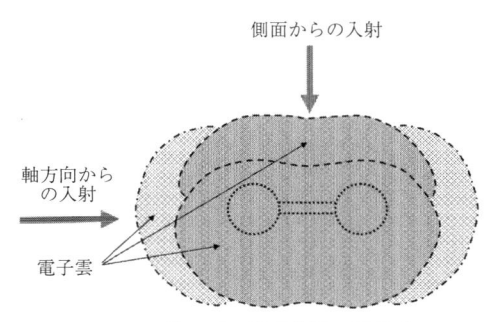

図 9.13 酸素分子の電子雲．

しかし，透明膜に図9.14に示すようにヨウ素分子を方向を揃えて塗布してあると，ヨウ素の長軸方向に電界を持つ光だけが吸収されて（入射した光は実際には縦横だけではなく斜め方向などあらゆる方向の電界振動を持っている），この膜を透過した光は横方向にだけ電界振動を持つ**偏光**された光になる．このような膜が図9.10のLCDに使われている偏光板である．

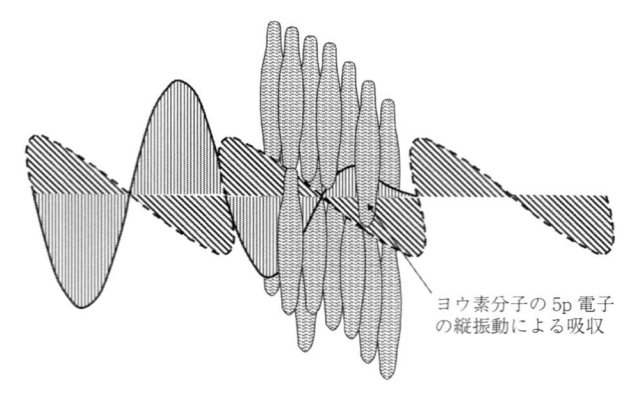

図 9.14 配向したヨウ素分子（偏光フィルム）を透過した光.

(b) 複屈折

　液晶は複雑な分子構造をしているので，屈折率も方向によって異なる．まず基本的な話として，ある物質の中で屈折率が異なっていると，図 9.15 に示すように，屈折率が高いところでは光の波長が短くなり速度が遅くなる．縦に振動する光と横に振動する光の屈折率が異なる物質の中を光が通ると，図 9.16 に示すように縦波と横波で位相がずれ，偏光方向が回転する．

　液晶分子の光学的性質は非常に複雑であるが，単純に言うと長軸方向と短軸方向で屈折率が異なるので，入射した直線偏光の光が液晶によって回転する事になる．

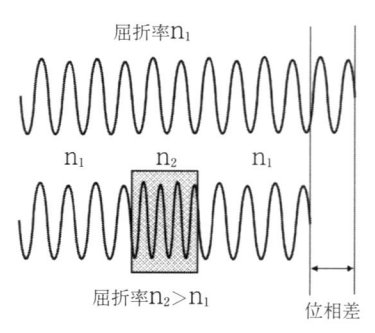

図 9.15　物質の中に屈折率の大きな領域があると，波長が短くなり光の伝搬速度が遅くなる．

第9章 ディスプレイ

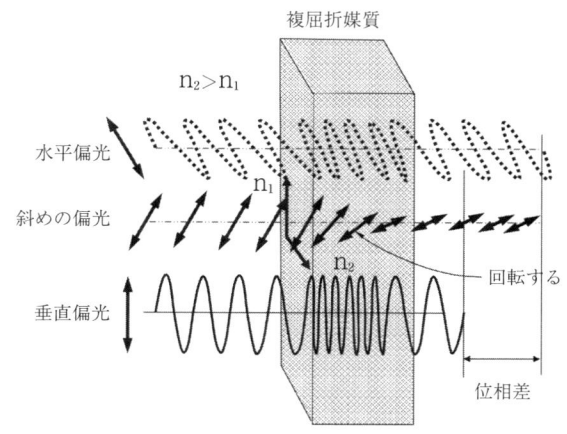

図9.16 縦方向と横方向の振動の光に対して屈折率が異なると，位相がずれることにより偏光方向が回転する．

9.3.5 液晶分子の動作モード

TN（Twisted Nematic）モードとSTN（Super Twisted Nematic）モードがあるが，ここでは動作原理を理解すると言う意味でTNモードの動作を単純化して述べる．

図9.9（a）に示したように，TNモードでは電界を掛けていない状態で液晶が90°度ねじれている．その為直線偏光の偏光軸が複屈折により90°回転する．その結果偏光軸が下の偏光板と合って光が透過し，画面は白くなる．このように印加電圧ゼロで画面が白くなるのをノーマリホワイトと言う．

電界を印加すると，図9.9（b）に示したように液晶分子の電子的偏りにより長軸が印加電界と平行，即ち光の透過方向と平行になる．その結果光の振動電界とは垂直になり，偏光軸は回転せず，下の偏光板と直角になるので光は透過せず，画面は黒くなる．

図9.17は印加電圧に対する透過率（しきい値特性）の一例を示したものである．2V程度の電圧印加で，透過率がほぼゼロになっている事が分かる．因みに液晶の厚さは$10\mu m$（髪の毛の1/10）程度であるので，1Vは約1kV/cmの電界に相当する．

STN（Super Twistic Nematic）モードでは，この印加電圧に対する透過率の特性をツイスト角度を変えることによって，更に急峻にすることができる．

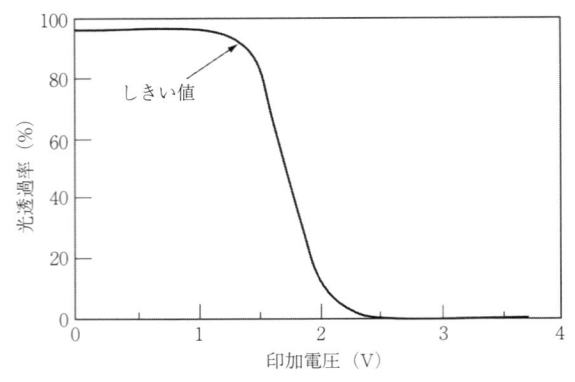

図 9.17 　印加電圧に対する透過率の一例.

9.3.6 　カラー液晶パネルの構造と作り方

　初期の頃には，液晶に電圧を掛ける駆動方法として，単純マトリックス駆動も試みられたが，現在は総て図 9.18 に示すような TFT を使ったアクティブマトリックス駆動である．TFT (6.2.3 項 (c) 参照) が総ての画素の RGB についている訳だから，30 インチと言うような大画面に，約 600 万個の TFT を均一に作成する集積化技術の進歩によって初めて LCD が可能になったと言える．

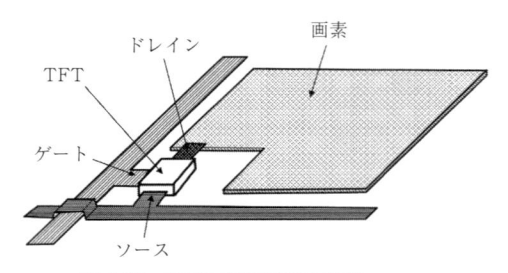

図 9.18 　TFT 液晶画素の構成.

　図 9.19 はカラー TFT 液晶パネルの製造工程の概略を示したものである．まず TFT アレイ基板 (図 a) にポリイミド配向膜を塗布する (図 b)．次にローラーに巻いた布によってラビングすることによりポリイミド分子を配向させる (図 c)．シール剤を塗布して TFT アレイ基板を完成させる (図 d)．これとは別にセルギャップ制御用スペーサを画素当たり 2-3 個散布したカラーフィルタ

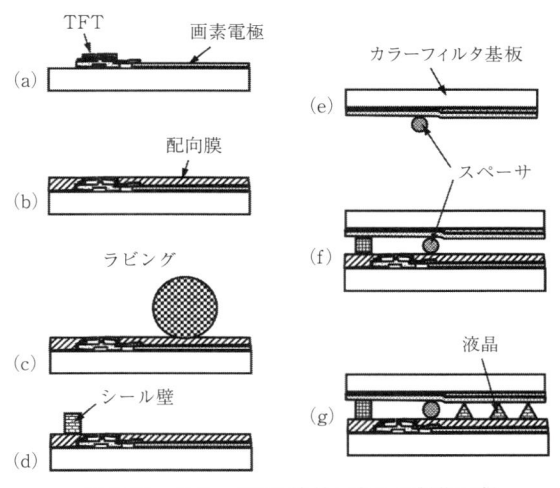

図 9.19 カラー TFT 液晶パネルの製作工程.

基板を用意する（図 e）．これらを貼り合わせ（図 f），真空注入により液晶をセルに注入するすることにより（図 g）液晶パネルを完成させる．ガラス基板の外側に偏光板やバックライトを付けて，図 9.10 に示すようなカラー TFT 液晶モジュールができ上がる．

バックライトは図 9.20 に示すようにパネルの端に光源が付けられていて，その光を導光板によってパネル全体に導く．それを更に拡散板によってパネ

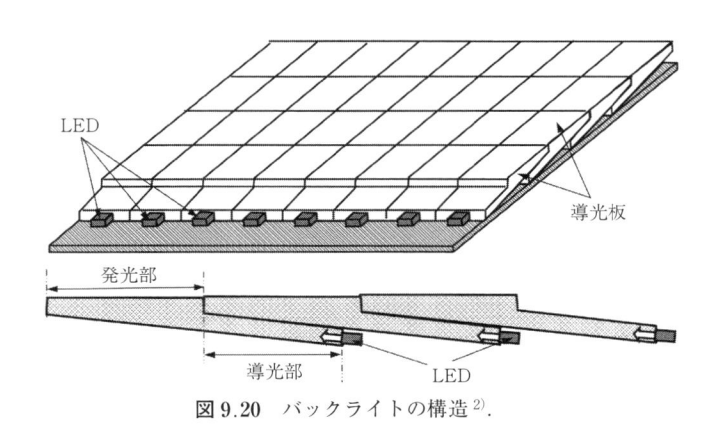

図 9.20 バックライトの構造[2].

全体に均一になるようにする．光源としては最近（2010年）まで冷陰極蛍光管が使われていたが，2010年以降白色 LED が使われる動きが急速に広がっている．白色 LED の方がバックライト部分を薄くできるし，光の三原色のバランスが良く，演色性（自然な色に見えやすさ）が良いためである．

9.4 PDP（Plasma Display Panel）

PDP は放電（電子とイオンがプラズマ状態になる）に伴う発光を利用したディスプレイである．放電を利用した身近なものとしては蛍光灯がある．したがって，PDP は言わば小さな蛍光灯を並べたようなものであり，本質的に 30 インチ以下の小さなディスプレイを作る事は難しい．

PDP には dc 型と ac 型があるが，現在テレビに使われているのはほとんどが ac 型であるので，ここでは ac 型の動作原理について述べる．

9.4.1 構造と動作原理

図 9.21 に示すように，0.1mm 間隔程度の隔壁とストライプ状の電極を持ったガラス基板が，電極が直交するように重ね合わされている．ガラス基板の間隔も 0.1mm（$100\mu m$）程度である．隔壁はスクリーン印刷やサンドブラスト法で図 9.22（a）のように作られていて，この内壁に $BaMgAl_{14}O_{23}:Eu$－青色－などの蛍光塗料が図 9.22（b）に示されるように塗布，焼結されている．このくぼみの所にガス（Ne＋7% Xe）が入っていて，透明電極（維持電極，X

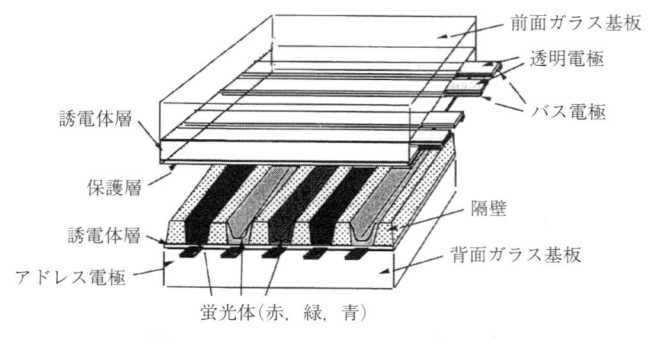

図 9.21　カラー PDP パネルの構造 [1d]．

第9章 ディスプレイ

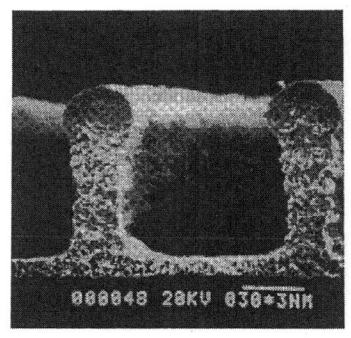

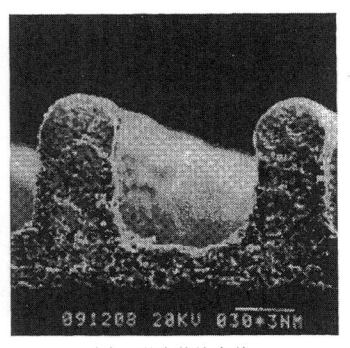

(a) 隔壁断面形状　　　(b) 蛍光体塗布後

図 9.22 スクリーン印刷で形成された高精細隔壁[1e]. 21型 S-XGA 仕様. 隔壁幅：0.03mm, ピッチ：0.11mm, 製版仕様：ステンレス＃400（線径0.018mm）カレンダー加工品, エマルジョン厚：0.01mm, パターン寸法：0.025mm

電極とも言う）とアドレス電極（走査電極, Y 電極とも言う）が交差した所に電圧が掛かって放電する.

　蛍光灯やネオン管などの放電管は, グロー放電の中の陽光柱と言ってプラズマ状態になった, したがってほとんど電圧降下のない領域で発光している. その為両者とも長細くなっている. PDP では電極間隔が 0.1mm と狭いので, 陽光柱は使えず陰極付近の負グローと言う発光を使う.（Ne＋7% Xe）ガスからは 147nm の紫外線が出て, 前述の青色の蛍光体, 緑色（Zn_2SiO_4：Mn 等）, 赤色（Y_2O_3：Eu 等）蛍光体を励起してカラー表示がなされている.

9.4.2　ac 型 PDP の駆動原理

　図 9.23（a）は放電セルの詳細を, 図 9.23（b）はそこに印加されるパルス電圧の高さと幅, セルに流れる電流, それに伴う発光を示している. 電極は絶縁物（誘電体）で覆われていて, 更に誘電体の保護膜として MgO 膜で覆われている. 重要なことは電極が絶縁体で覆われていて容量を形成している為, 放電した時電荷が絶縁体の表面に蓄積して（壁電荷と呼ばれる）, ここに蓄積した壁電荷による壁電圧が生ずる事である. これが放電の維持, 消去を可能にしている.

放電開始のためには，図 9.23（b）-（1）に示すように通常より高い書き込みパルス電圧を掛ける．すると放電による電荷が壁に蓄積し壁電圧ができる(b-3)．次に逆方向に書き込みパルスより低い電圧の維持パルスを加える．維持パルスに壁電圧が加わって電圧が高くなるので，放電が維持される．

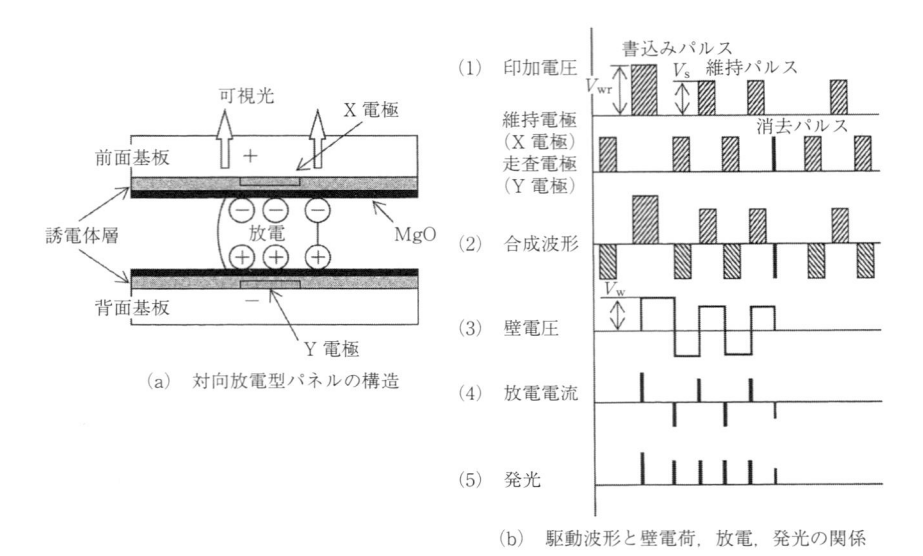

図 9.23 ac 型 PDP の駆動原理．(a) 対向型放電セルの構造，(b) 駆動波形---1，2---と壁電荷---3---，放電電流---4---，発光波形の関係---5---[1f]．

放電を止めるには，図 9.23（b）-（2）に示すように維持パルスのパルス幅を通常より狭くする．すると図 9.23（b）-（3）に示すように壁電圧がなくなって，合成されたパルス電圧が低くなり，図 9.23（b）-（5）に示すように放電，したがって発光が止まる．

放電開始や維持のパルス幅は $5 \sim 10\mu\mathrm{sec}$，1 秒当たりのパルスの数は 3 万から 5 万パルスで発光もパルス状に起こっているが，人間の目には連続した光として見える．このような複雑なパルスを集積回路で安く小さくできるようになったことが，PDP を可能にした一因である．

PDP の赤，緑，青の蛍光体の発光スペクトルの一例を図 9.24 に示す．ほぼ純粋な赤，緑，青の所に発光ピークがあり，LCD のバックライト，冷陰極蛍

光管のスペクトルをカラーフィルタで選択したものより，演色性が良いと言われている．

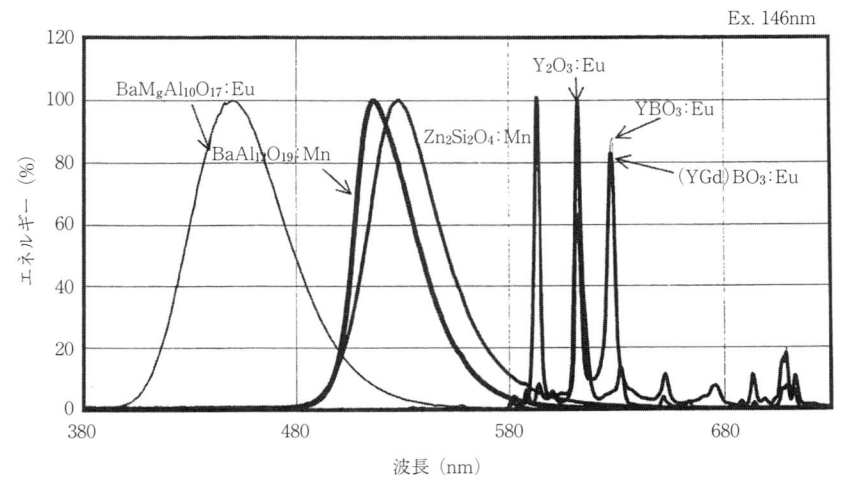

図 9.24 PDP 用蛍光体の発光スペクトル [1g]．

9.5 有機 EL

半導体の発光ダイオードと同じように，有機物の中で電子と正孔を再結合させて発光させるデバイスである．もちろん有機物は半絶縁性で，電子や正孔の概念も半導体中とは大きく異なる．ただ，直流電流を流すことで発光させることができる点は，まだまだ色々問題があるとは言え，自分で発光できない液晶に比べて遙かに有利である．

9.5.1 構造と動作原理

図 9.25 (a) に示すように，図で Alq_3 （有機物の名前 --- 後述）と書いてある電子輸送層から電子が，TPD と書いてある正孔輸送層から正孔が注入され，界面（この場合電子輸送層側）で再結合して発光する．キャリアの注入と移動は半導体の場合と全く異なる．有機材料は半絶縁性であるから，電子の注入は化学的には陰極と有機分子の界面で有機分子の最も低い空の準位に電子を与えて還元することにより行われる．電子を貰った分子はラジカルアニオン（陰イ

オン)となる.この電子は図9.25(b)に模式的に示すような**ホッピング**により隣の分子に移る.これはラジカルアニオンが隣に移ったのと同じ事になる.したがって,半導体的に考えた場合の移動度は非常に小さく,材料によって異なるが $10^{-3} \sim 10^{-7} cm^2/V \cdot s$ 程度である.

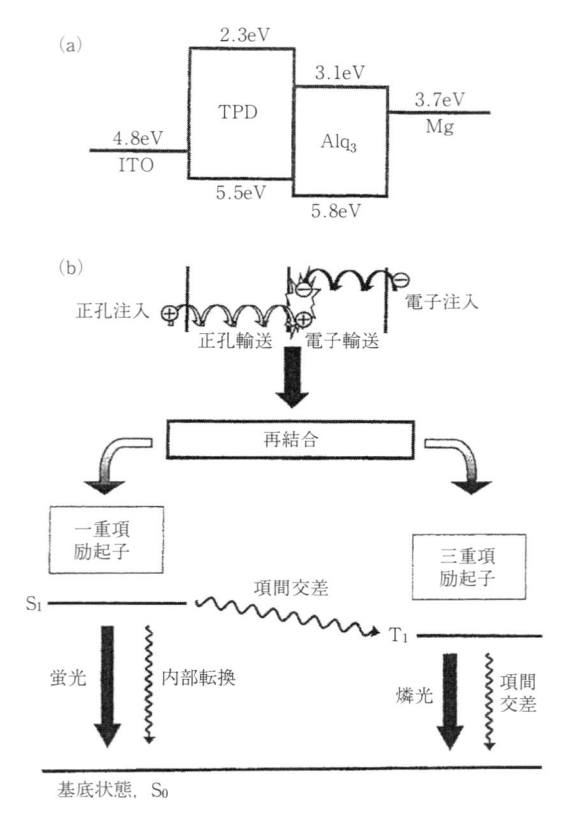

図9.25 有機ELの構造と動作原理.(a) エネルギーバンド図.
(b) ホッピングによる電荷の移動と励起子の形成,発光[3].

　正孔の注入は,陽極-有機分子界面で有機分子の電子を奪い酸化することによって行われる.電子を奪われた分子はラジカルカチオン(陽イオン)となり,隣の電子を奪う.即ち,電子の抜けた穴(正孔)がホッピングして界面に移動し,電子輸送層で電子と緩く結びついて励起子と言うものを作る.有機物の中

では一重項励起子と三重項励起子と言うのがあるらしいが，この当たりになると有機物の専門家でないと良く分からない．励起子は電子と正孔が対になっているが，まだ再結合はしていない状態である．図 9.25 (b) に示すように，再結合する時に一重項励起子は蛍光を，三重項励起子はりん光を発すると言われている（もちろん光子を出さないで熱になってしまう場合もある）．

一重項励起子と三重項励起子の割合は 1:3 であり，2000 年頃までは三重項励起子で発光する材料は見つかっていなかったので，内部量子効率の最大値は 25% と言われていた．しかし，1999 年にイリジウム錯体と言う三重項励起子で発光する材料が見つかり一挙に効率が改善され，実用化が進んだ．

移動度が非常に小さく電荷の移動速度は遅いが，膜厚を 100〜200nm（0.1〜0.2μm）とすることで，再結合までの移動時間は数十 ns となり，素子の応答性は十分速い．膜に掛かる電界は数百 V/cm となり，これがホッピングによる電荷の移動を充分速いものにしている．

9.5.2 有機 EL 材料の例

有機 EL 材料には低分子材料と高分子材料があり，前者は真空蒸着で，後者はインクジェットなどの塗布法で作ることができる．大型ディスプレイの作成には塗布法の方が勝れているが，残念ながら高分子材料では，特に青色発光材料で未だ充分な発光効率が得られていない．したがって 2010 年現在報告されているディスプレイはほとんどが低分子材料を真空蒸着で作ったものである．

有機 EL 材料は，電気系学生にはなじみの薄い，亀の甲がいくつも連なったような有機材料である．図 9.26 には低分子材料の幾つかの例を示す．図 9.25 で Alq$_3$ と示されているものはトリス（8-キノリノラト）Al 錯体と言われるもので（図 9.26a），電子輸送材料であると共に緑色の発光材料である．正孔輸送材料としてはアリールアミン誘導体と言うものが使われているらしいが，図 9.26 (b) に示す NPD と言われるものは図 9.25 の TPD よりガラス転移点が高く，高温での信頼性が勝れている．図 9.26 (c) は燐光の効率が良くて低分子発光材料の主流になっている緑色発光のイリジウム錯体の例である．

その他にも多くの有機 EL 材料が開発されつつあり，近い将来塗布法で大画面の有機 EL パネルを可能にする新しい高分子材料が開発される可能性も大きい．

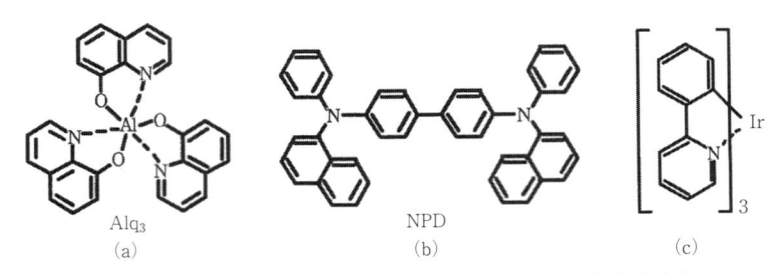

図 9.26 低分子有機 EL 材料の例．(a) 電子輸送材料（緑色発光体），
(b) 正孔輸送材料，(c) 燐光材料（イリジウム錯体―緑色発光体）[4]．

9.5.3 有機 EL セルの構造と作り方

セルの構造としては，図 9.25(a)に示したような電子輸送層（発光層）/ ホール輸送層，の他に電子輸送層 / ホール輸送層（発光層），電子輸送層 / 発光層 / ホール輸送層，などの構造があるが，イリジウム錯体などの高効率な燐光を用いる場合には図 9.27 に示すような電子輸送層 / 発光層 / ホール輸送層構造が一般的になりつつある．

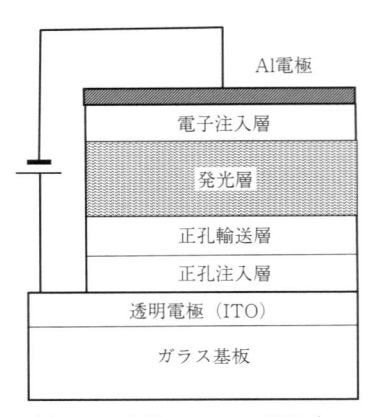

図 9.27 有機 EL セルの構造 [4]．

セルの作製においては，有機材料がダメージを受けやすいため，無機半導体の場合のようにウエットエッチングやドライエッチングを使うことができない．したがって，図 9.28 に示すように陽極となる ITO（導電性透明電極：Indium Tin Oxide）をパターニングした後，ホトレジストで逆台形のパターン

を作り，有機発光膜や Mg，Al（Li）などの仕事関数の小さな陰極電極を真空蒸着してセルを作製する．

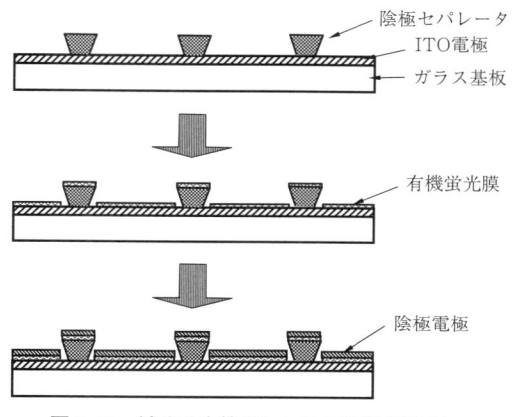

図 9.28 低分子有機 EL セルの作製方法 [1h)]．

図 9.29 は低分子有機 EL セルの，輝度 – 電圧特性の一例を示したものである．2〜3V の直流バイアスで急激に輝度が増大し，5〜6V で動作されることができる．それでも有機膜の厚さは $0.1 \sim 0.2 \mu m$ であるから，膜に掛かっている電界は数百 kV/cm になる．

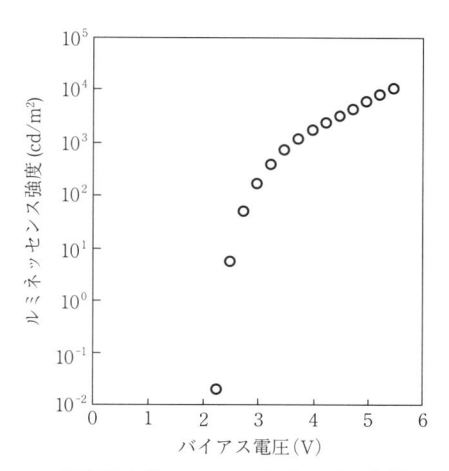

図 9.29 低分子有機 EL セルの輝度 – 電圧特性の一例 [1i)]．

引用文献

1) 映像情報メディア学会編「電子情報ディスプレイハンドブック」培風館，2001年．1a) p.224, 図2.23, 1b) p.252, 図2.62, 1c) p.218, 図2.13, 1d) p.321, 図3.33, 1e) p.333, 図3.51, 1f) p.318, 図3.28, 1g) p.330, 図3.44, 1h) p.410, 図6.31, 1i) p.409, 図6.30.
2) シャープ技報　第99号，2008年8月，p.32.
3) 内藤裕義，応用物理，69巻（2000年）10号，p.1227.
4) 城戸淳二，応用物理，74巻（2005年）11号，p.1443.

練習問題

1) 9.1, 9.2. ディスプレイの種類とCRTについて
   a) 次の略語の元の英語を書け
      CRT, LCD, PDP, EL, LED, TFT
   b) 光の三原色とその大体の波長を示せ．
   c) CRTのもう一つの名前は何か？
   d) CRTの構成要素を4つ挙げよ．
2) 9.3. LCDについて
   a) 偏光板とはどのようなものか？
   b) LCDの動作原理について簡単に説明せよ．
   c) カラーTFT液晶モジュールの構成要素を7つ挙げよ．
   d) 液晶とは，どのようなものか？　ネマティック液晶のような言葉は何語のどういう意味から来ているのか？
   e) 光が液晶中を透過するとき，偏光軸が回転するのは，液晶のどのような性質によるものか？
   f) 電界が掛かると偏光軸が回転しなくなる理由を説明せよ．
   g) バックライトの構造はどうなっていて，何故画面が均一に明るくなるのか？　また光源には何が使われているか？
3) 9.4, 9.5. PDP, 有機ELについて
   a) PDPの構造を模式的に描き，PDPで小さなTVを作ることが難しい理由を説明せよ．
   b) 壁電荷とはどういうもので，どういう役割を果たすか？

c） PDPと有機ELの発光は連続的か，パルス的か？　パルス的だとすると1秒間に何回ぐらいか？
e） 有機ELには，電子輸送層とホール輸送層がある．n形半導体，p形半導体とどのように違うか？
f） 有機ELにおける電子輸送層の電子の移動度はどの程度か？
g） 有機ELの発光には蛍光とリン光がある．どう異なるか？

第10章

III-V族化合物半導体

　LEDやレーザ・ダイオード（LD）などの発光デバイスは，直接遷移型の化合物半導体でないと作ることはできない．バイポーラ・トランジスタ（BiTr）やMOSFETなどは技術の進歩で微細化が進んでしゃ断周波数が高くなり，現在はミリ波のデバイスまで実用化されている．それでもマイクロ波領域である程度の出力を得ようとしたり，より低雑音の増幅器を作ろうとすると，III-V族化合物半導体で作られたHBT（Hetero-junction Bipolar Transistor）や，MODFET（Modulation Doped FET）別名HEMT（High Electron Mobility Transistor）に敵わない．それで携帯電話の一部や，特に10GHz以上の衛星通信にはHBTやMODFETが使われている．

　最初のBiTrはGe（ゲルマニウム）で作られた．MOSFETやICはSiの独断場である．これらの元素は最外殻のp軌道に2つの電子を持っているIVB族（図10.1および付録周期表参照）に属する．図10.1のGeの両隣のGaとAsの化合物GaAs，上下の周期の隣のInP等が化合物半導体の代表である．これらはIIIB族とVB族の化合物であるが，その隣のIIB族とVIB族の化合物ZnSe等も化合物半導体である．しかし，II-VI族化合物半導体は一部蛍光体等に使われているものの本格的なデバイスには未だ使われていない．

10.1　化合物半導体の特徴

　SiやGeの周りには2章2.3節で学んだように4つ電子があり，これらが隣の原子の電子と共有結合をし，結果として1つの原子の周りには8つの電子が回っている．GaAsではGaの周りに3つの電子が，Asの周りに5つの電子が

	IIB	IIIB	IVB	VB	VIB
		B^5	C^6	N^7	O^8
		Al^{13}	Si^{14}	P^{15}	S^{16}
	Zn^{30}	Ga^{31}	Ge^{32}	As^{33}	Se^{34}
	Cd^{48}	In^{49}	Sn^{50}	Sb^{51}	Te^{52}

注）右肩の数字は原子番号（電子の数）

図 10.1 周期表の一部.

あって，2章，図 2.8b に示すような結晶を作っている．平均すると Ga の周りにも As の周りにも，合計8つの電子が回っていて，Si や Ge と同じ状況になっている．ただ，Ga と As の価数が異なるので，結合には共有結合に少しイオン結合が混ざっていて，その為融点やバンドギャップなどの性質が少し異なってくる．

図 10.2 は横軸に分子量，縦軸に格子定数，融点，バンドギャップを示して，色々な半導体の値をプロットしたものである．当然の事ながら，同じ周期に属する Ge とその両隣の GaAs, ZnSe の分子量はほとんど同じで格子定数も同じである．分子量が増加すると原子が大きくなり，格子定数が増加し，結合エネルギーが減少するので融点が下がり，バンドギャップが減少すると言う傾向がある．もちろん融点やバンドギャップは個々の原子の電子軌道に依存するので，格子定数のように分子量に1対1には対応していない．しかしながら同じ分子量でも，元素半導体に比べて III-V 族化合物半導体は融点やバンドギャップが大きくなり，II-VI 族化合物半導体では更に大きくなっている．これは結合にイオン結合が含まれていることが関係しているものと考えられる．また，同じ族に属していれば，分子量が大きくなってバンドギャップが小さくなる程，電子の有効質量が小さくなり，電子移動度が大きくなる傾向がある（Si より Ge, GaAs より InAs の電子移動度の方が大きい）．

格子定数が同じかどうかは，後に述べるヘテロ接合を作るための，ヘテロエ

第 10 章　III-V 族化合物半導体

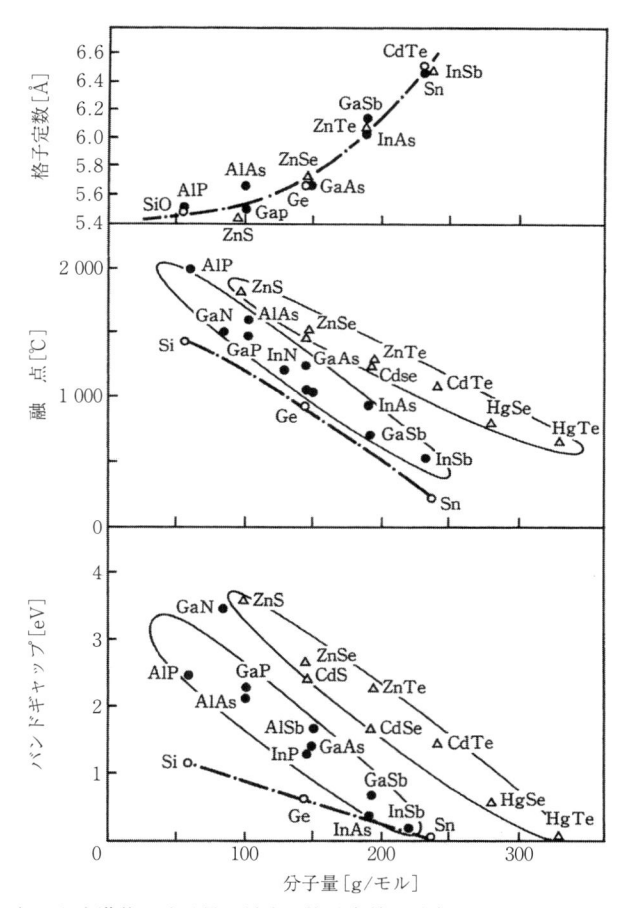

図 10.2　色々な半導体の分子量に対する格子定数，融点，バンドギャップの変化[1]．

ピタキシャル成長にとって非常に重要である．図 10.3 は種々の III-V 族化合物半導体のバンドギャップを格子定数に対してプロットしたものである．個々の原子の電子軌道に依存するので直線的には対応していないが，全体としては格子定数が大きくなる程バンドギャップは小さくなっている．

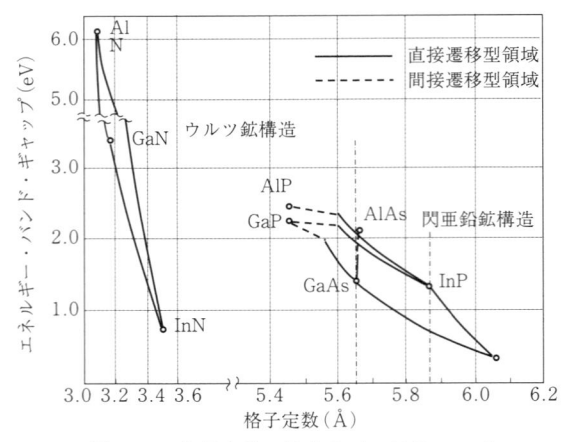

図 10.3 格子定数に対するバンドギャップ.

10.2 バンド構造と電気的特性

2章, 2.1.3項で述べたように, 直接遷移型半導体でないと, 発光デバイスは作れない. 幸いな事に III-V 族化合物半導体では多くのもので直接遷移型である. 図 10.4 は GaAs の例であるが, 伝導帯の底が波数ベクトル (運動量に

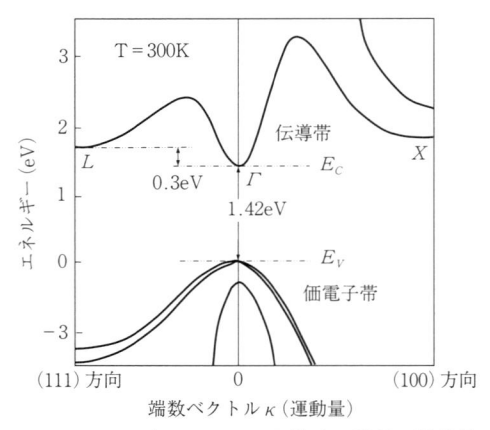

図 10.4 GaAs のエネルギーバンド構造. 横軸は運動量に相当. 左右で結晶方位が異なるため非対称になっている.

相当）ゼロの価電子帯の頂上の上にある．したがって，伝導帯の電子は運動量を変えることなく価電子帯の正孔と結合し，光子を放出する．もう一つ重要なことは，伝導帯のバンドの底が急峻に凹んでいて（曲率が大きく），電子の有効質量が小さいため，電子移動度がSiより5倍程度大きい．これが高周波デバイスに使われる1つの理由である．

III-V族化合物半導体の物性が表10.1にまとめられている．幸いな事にGaAs, GaSb, InP, InAs, InSbなどバンドギャップE_g<1.5eVの多くの化合物半導体で直接遷移型である．AlP, AlAs, AlSb, GaPなどE_g>1.5eVのものでは間接遷移型であるが，結晶構造のことなるAlN (6.2eV), GaN (3.4eV), InN (0.7eV) では直接遷移型であり，最近急速に発展している青色，緑色，白色LED，Blu-ray Disc用青紫色レーザが可能になった．

表10.1 III-V族化合物半導体の物性定数表.

半導体	バンドギャップ (eV)	遷移型	結晶構造	格子定数 Å	電子の有効質量 (m/m_o)	正孔の有効質量 (m/m_o)	比誘電率
AlN	6.2	直接	Wz	a=3.11	0.3	?	9.14
GaN	3.4	直接	Wz	a=3.19	0.2	0.8	12
InN	0.6	直接	Wz	a=3.53	0.11	?	?
AlP	3	間接	ZB	5.46	?	?	9.9
GaP	2.27	間接	ZB	5.45	0.2	0.79	11.1
InP	1.34	直接	ZB	5.86	0.067	0.85	12.6
AlAs	2.16	間接	ZB	5.66	0.5	0.76	10.1
GaAs	1.42	直接	ZB	5.65	0.063	0.57	12.4
InAs	0.35	直接	ZB	6.05	0.022	0.6	15.1

Wz: Wurtzite（ウルツ鉱型）
ZB: Zinc-Blende（閃亜鉛鉱型）

10.3 混晶半導体

化合物半導体では色々なバンドギャップを持つ半導体があると言う利点があるが，実際のデバイスでは格子定数が一致していないとそれらを一体として使うことができない．しかし，図10.3を見れば分かるように，2種類の化合物半導体を混ぜる事ができれば，格子定数とバンドギャップの両方をある程度独

立に変化させることができる．その為，実際のデバイスの多くでは2種類の化合物半導体の固溶体である混晶半導体が使われている．

10.3.1　3元混晶半導体

代表は $Al_xGa_{1-x}As$ である．Al, Ga, As の3つの元素からできているので，3元混晶半導体と呼ばれているが，学術的には AlAs と GaAs の固溶体である．AlAs と GaAs とはたまたま格子定数が約 0.2％しか違わない．その為，$Al_xGa_{1-x}As$ は総ての組成に於いて GaAs 基板上にエピタキシャル成長ができ，バンドギャップを GaAs の 1.42eV から AlAs の 2.17eV まで変化させることができる．$Al_xGa_{1-x}As$ は最初にヘテロ接合レーザ（LD）が作られた半導体として有名であり，最初に実用的な CD 用 LD が生産されたのもこの系である．

表 10.1 に示されるように，GaAs は直接遷移型だが AlAs は間接遷移型である．その為図 10.5 に示すように，Al の組成 x が $0 < x < 0.45$（$E_g \sim 1.9eV$）の範囲では直接遷移型で移動度も大きいが，$0.45 < x < 1.0$ では間接遷移型で移動度も小さい．これは Al の組成が増えるにしたがって，図 10.4 に於ける波数ベクトル $k=0$ の所の伝導帯（Γvalley と呼ばれる）の位置エネルギーが上にずれて，伝導帯の底が X valley（X-谷）と呼ばれるなだらかな鍋底のような所になるためである．

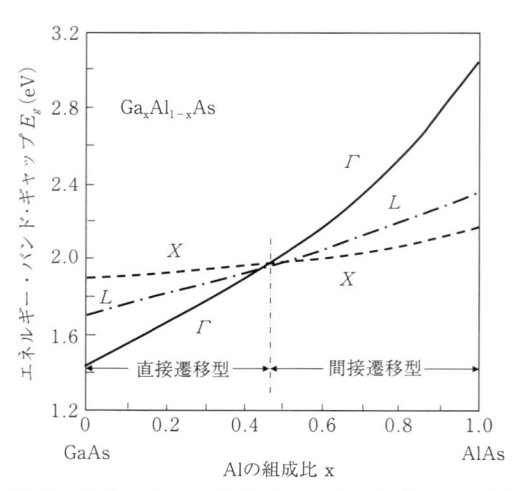

図 10.5　$Al_xGa_{1-x}As$ のバンドギャップの Al 組成比 x 依存性．

10.3.2 4元混晶半導体

InPとGaAsの固溶体である$In_xGa_{1-x}As_yP_{1-y}$は，図10.3に示すようにInPに格子定数があった状態（格子整合すると言う）でバンドギャップが0.7eVから1.3eVまで変化する．その為，この混晶は長波長光通信用レーザ・ダイオードの半導体として重要である．光ファイバー通信には，石英ファイバーの損失が一番少ない1.3～1.5μmの波長が使われるが，これは約0.9eVに相当するからである．

4元混晶にはこの他に$Al_xIn_yGa_{1-x-y}P$と言うIII-III-III-V族系の混晶がある．これはGaAs基板に格子整合し，1.9-2.3eVと窒化物半導体GaN，InGaNを除けば，直接遷移型で最も大きなバンドギャップを有しており，DVD用レーザ・ダイオード（波長：630～650nm）として使われている．

10.4 ヘテロ接合と量子井戸

レーザ・ダイオードでは格子定数が一致していて，バンドギャップの異なった半導体の接合，ヘテロ接合が使われている．格子定数が異なると界面にダングリングボンド（相手のいない結合手）ができて欠陥準位ができるためである．

図10.6にHBTに使われているn-$Al_xGa_{1-x}As$/p-GaAsおよびn-$Al_xGa_{1-x}As$/n-GaAsの接触前(a)と接触後(b)のエネルギーバンド図を示す．Si pn接合と同様に接触後はフェルミ準位が一致しなければならないが，電子親和力χは半導体固有で接触後も変わることはない．その結果，伝導帯の底，価電子帯の頂上が不連続になる．その大きさは下式のように伝導帯の不連続ΔE_Cは電子親和力の差，伝導帯の不連続と価電子帯の不連続を加えたもの（$\Delta E_C+\Delta E_V$）はバンドギャップの差になる．

$$\Delta E_C = |q\chi_1 - q\chi_2| \tag{10.1}$$
$$\Delta E_C + \Delta E_V = |E_{g1} - E_{g2}| \tag{10.2}$$

$Al_xGa_{1-x}As$/GaAs/$Al_xGa_{1-x}As$のようにヘテロ接合が近接して2つ有り（簡単のためドーピングされていない場合を考える），バンドギャップの狭いGaAsの層の厚さが電子の波長程度（～10nm以下）になると，図10.7(a)に示すような**量子井戸**（Quantum Well----QW）ができる．量子井戸の中の電子のエネルギーは，通常の伝導帯の中のように連続的に変化することはできな

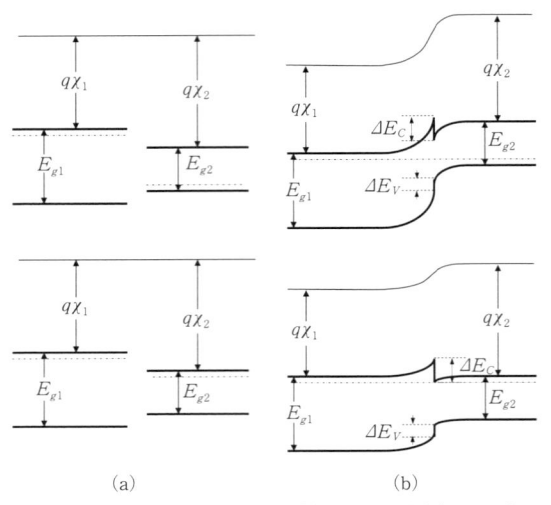

図 10.6 $Al_xGa_{1-x}As$ と GaAs を接触させる前(a) と接触後(b) のエネルギーバンド図.

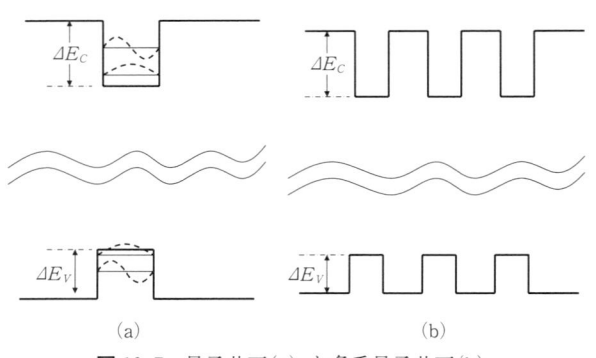

図 10.7 量子井戸(a) と多重量子井戸(b).

くて不連続になる．これは電子の波がヘテロ界面で固定されるためで，半波長の整数倍が量子井戸の厚さになるようなエネルギーの電子しか存在し得ないからである．

$$n\frac{\lambda}{2}=d \tag{10.3}$$

ここで n は整数，λ は電子の波長，d は量子井戸の厚さである．

　量子井戸ではエネルギー準位が不連続で，電子と正孔の物理的位置も一致す

るので，発光再結合が起こりやすく，レーザ・ダイオードやLEDに広く使われている．特に電子や正孔の注入効率を上げるために，図10.7(b)に示すように量子井戸を幾つか重ね合わせた，**多重量子井戸**（Multiple Quantum Well —— MQW）が発光活性層としてよく使われている．

引用文献

1) 生駒敏明，河東田隆，長谷川文夫，「ガリウムヒ素」丸善，1988年，p.25，図1.16.

練習問題

1) 分子量と格子定数，融点，バンドギャップの関係を説明せよ．
2) 化合物半導体は何故，LEDやLDに使われるか？　また，何故マイクロ波デバイスに使われるか？
3) 3元混晶半導体，4元混晶半導体とはどのようなものか，一つずつ例を挙げて説明せよ．
4) CD，光通信，DVDに使われるレーザはどのような半導体で作られているか？
5) ヘテロ接合とはどのような接合か？　また，また通常使われているヘテロ接合は「格子整合」しているが，格子整合とはどのような事か？
6) 量子井戸とはどのようものか？　MQWは何の略で，日本語では何と言うか？

第11章

通信用マイクロ波デバイス

携帯電話や無線 LAN の普及によって，マイクロ波を使う機器が生活に身近なものになっている．微細化技術の進歩によって，Si デバイスのしゃ断周波数もどんどん高くなっているが，それでも高周波での低雑音増幅器や電力（パワー）増幅器では，電子移動度の高い GaAs などの化合物半導体を使ったデバイスに敵わない．ここでは化合物半導体を用いたマイクロ波デバイスについて述べる．

マイクロ波デバイスにもバイポーラ・トランジスタと FET の 2 種類がある．但し，いずれも化合物半導体独特のヘテロ接合を使っている．

   HBT：Hetero-junction Bipolar Transistor
   MODFET：Modulation Doped FET
   （HEMT：High Electron Mobility Transistor）

HEMT（高電子移動度トランジスタ）は 1980 年に富士通の三村氏，冷水氏らにより開発され，HEMT と名付けられた．もともとは米国の Dingle と言う人が提案した modulation doping と言う概念を使っているため，米国では MODFET と呼ばれている．動作原理から言うと MODFET の方が妥当であるが，HEMT（ヘムト）の方が言い易いので多くの人が HEMT と呼んでいる．

11.1 マイクロ波の基礎技術

11.1.1 周波数帯域

電磁波の周波数帯域に付けられている名前は，昔から習慣で付けられているものが多く，必ずしも系統立ってはいない．マイクロ波と言うのも一般的に，

周波数：0.1GHz（10^8Hz, 100MHz），波長：300cm から周波数：3000GHz, 波長：0.01cm までの電磁波を言う．マイクロ波の中の 30〜300GHz（10〜1mm）は波長が数ミリメートルであるので，ミリ波帯とも呼ばれている．

その他，習慣的に使われていた周波数帯域を，米国の IEEE（The Institute of Electrical and Electronics Engineers）が表 11.1 のように認定している．この内 VHF：Very High Frequency（100〜300MHz），UHF：Ultra High Frequency（300〜1000MHz）はテレビに使われている．地上デジタル放送も UHF 帯を使っている．携帯電話の一部は 800MHz を使っている．その他，身近な周波数帯は下記のようなものであるが，この名前が何に由来するのかは，長年マイクロ波デバイスをやってきた著者も知らない．

VHF(100〜300MHz), UHF(300〜1000MHz)—— TV
L(1〜2GHz) —— 携帯電話
X(8〜13GHz) —— 衛星放送
K(13〜28GHz)—— 衛星通信　等

表 11.1 IEEE で認定されている周波数帯域と呼称．

呼称	周波数帯域(GHz)	波長(cm)
VHF	0.1-0.3	300.00-100.00
UHF	0.3-1.0	100.00-30.00
L 帯	1.0-2.0	30.00-15.00
S 帯	2.0-4.0	15.00-7.50
C 帯	4.0-8.0	7.50-3.75
X 帯	8.0-13.0	3.75-2.31
Ku 帯	13.0-18.0	2.31-1.67
K 帯	18.0-28.0	1.67-1.07
Ka 帯	28.0-40.0	1.07-0.75
ミリ波	30.0-300.0	1.00-0.10
サブミリ波	300.0-3000.0	0.10-0.01

最初に無線通信を行ったのは，1887 年頃，Heinrich Hertz がスパーク発振器とアンテナによる送受信に成功したものだと言われている．彼はスパーク発振器からの広い周波数帯域からアンテナにより 420MHz のマイクロ波を選んだ．この実験からアンテナが波長の半分の長さに相当する事が分かった．現在周波数の単位を Hz（ヘルツ）と言うのは，この人に由来している．

第 11 章　通信用マイクロ波デバイス

1980 年代以降，自動車電話に始まって，携帯電話等の個人通信サービスが急速に発展した．現在（2010 年）携帯電話に使われている周波数帯域は 800MHz，1.5GHz，1.7GHz，2GHz 等である．1995 年の Windows 95 により一般に広まったインターネットと共に無線 LAN も使われるようになった．無線 LAN には現在 2.4GHz，5GHz が使われている．その他自動車の衝突防止等には 60GHz 帯のミリ波が使われている．

11.1.2　dB（デシベル）

マイクロ波の増幅や減衰は，音と同じように一般に dB（デシベル）と言う単位が使われている．dB（デシベル）は電力の比（P_2/P_1）の常用対数を 10 倍したもので，次式のように表される．

$$dB(デシベル) = 10 \log P_2/P_1 \tag{11.1}$$

電力の絶対値を表す時は $P_1 = 1mW$ として，dBm と言う単位が使われる．例えば，20dBm と言ったら，下式のように 100mW を意味する．

$20dBm \Rightarrow \log P_2/P_1 * mW = 2 \Rightarrow P_2/P_1 = 10^2 mW = 100mW$

因みに　　3dB　$\Rightarrow$　$\log P_2/P_1 = 0.3$　$\Rightarrow$　$P_2/P_1 = 10^{0.3} \sim 2$
　　　　　6dB　$\Rightarrow$　$\log P_2/P_1 = 0.6$　$\Rightarrow$　$P_2/P_1 = 10^{0.6} \sim 4$
　　　　　10dB　$\Rightarrow$　$\log P_2/P_1 = 1$　$\Rightarrow$　$P_2/P_1 = 10$
　　　　　20dB　$\Rightarrow$　$\log P_2/P_1 = 2$　$\Rightarrow$　$P_2/P_1 = 10^2 = 100$

電圧に対しては　$dB = 10 \log P_2/P_1 = 10 \log V_2^2/V_1^2 = 20 \log V_2/V_1$ となり，電圧の比の常用対数を 20 倍する．

11.1.3　特性インピーダンス

人間の声はせいぜい 10kHz だから，電波の波長にすると 30km．したがって電話は普通のコードでも通ずる．しかし地上デジタル放送に使われている UHF 帯，例えば 600MHz の電波では波長は 50cm なので，アンテナから 5m のリード線を引くと，10 波長乗ることになる．このような高周波ではコードやリード線のインダクタンスを無視することができなくなり，図 11.1 に示すような分布定数回路として考える必要がある．即ち，コードはもはや抵抗の低い導電体としてではなく，インピーダンスと見なさなければならない．コードや同軸ケーブルの特性インピーダンスは次のように表される．

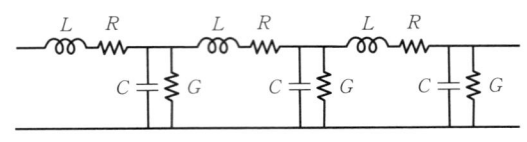

図11.1 リード線の等価回路.

$$Z_0 = \sqrt{\frac{R+j\omega L}{G+j\omega C}} \ \Omega \qquad (11.2)$$

ここで，Rは図11.1に示すように単位長さ当たりのコードの抵抗，Lはインダクタンス，Cはアースあるいは他の線との間の容量，GはCに並列なコンダクタンスである．通常Lの抵抗，Cのコンダクタンスが無視できて，特性インピーダンスは下記のように表される．

$$Z_0 = \sqrt{\frac{L}{C}} \ \Omega \qquad (11.3)$$

ただのコードはCに比べてLが大きいので，インピーダンスが高すぎてテレビの信号は伝わらない．アンテナからテレビまでは通常，図11.2に示すような同軸ケーブルが使われるが，同軸ケーブルでは心線とそれをシールドしているメッシュ状の外線（通常アース）との間の容量Cを調節することにより，特性インピーダンスを75Ωにしている．アンテナからの信号を2つのテレビに分けるためには，分配器を使う必要があるが，これは2つの75Ωが並列に

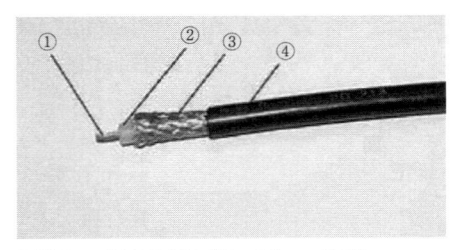

同軸ケーブルRG-213（50±2Ω，一般用）
①：内部導体（銅線）
②：誘導体（ポリエチレン）
③：外部導体（網組み銅線）
④：保護被覆（ビニル）

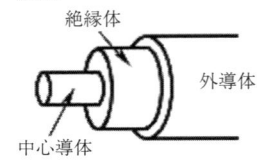

図11.2 同軸ケーブル.

なっても，分配器の入り口から見たインピーダンスが75Ωになるようにしたもので，こういう状態を「インピーダンス整合」されていると言う．

11.2 ヘテロ接合バイポーラ・トランジスタ（HBT）

HBTはエミッタよりベースのバンドギャップを小さくし，ベースのアクセプタ濃度を上げても（ベース抵抗を下げても）エミッタ効率が下がらないようにした，バイポーラ・トランジスタ（BiTr）である．

11.2.1 ベース抵抗と最大発振周波数

5章5.1.2項で述べたように，BiTrが正常に動作するためには，エミッタ・ベース間に流れる電流は99.9%以上，エミッタからベースに注入される電子電流によるものでなければならない．その為に，通常エミッタのドーピング濃度はベースのドーピング濃度より2桁以上高く作られている．結果としてベースのドーピング濃度は10^{17}cm^{-3}程度に抑えられる．一方BiTrのしゃ断周波数はベースの厚さの2乗に逆比例するので，なるべく薄い方が良い．必然的にベース抵抗は高くなる．

BiTrのもう一つの性能指数として次式に示すような**最大発振周波数**f_{max}と言うものがある．これは入出力のインピーダンス整合をしたとき増幅が起こる最大の周波数で，マイクロ波回路で増幅を得るためにはしゃ断周波数よりこちらの方が重要になる．

$$f_{max} = \left(\frac{f_T}{8\pi R_B C_{BC}}\right)^{\frac{1}{2}} \tag{11.4}$$

ここでf_Tはしゃ断周波数（エミッタ接地電流利得βが1になる周波数），R_Bはベース抵抗，C_{BC}はベース・コレクタ間容量である．この式から，高周波特性を良くする為にはベース抵抗を下げることが必要であることが分かる．

11.2.2 n-AlGaAs/p-GaAs/n-GaAs HBT

図11.3に示すように，ベースをp-GaAs，エミッタをn-AlGaAsとすると，n-AlGaAsのバンドギャップが広いので，p-GaAsベースの正孔がエミッタに流れ込まない．したがって，ベースのドーピング濃度を上げても（例えば〜

10^{19}cm^{-3}），エミッタ効率が下がらない．その結果ベース抵抗が下がって（1/100），最大発信周波数が高くなり（約10倍），高周波まで動作するBiTrが得られる．これがHBTである．

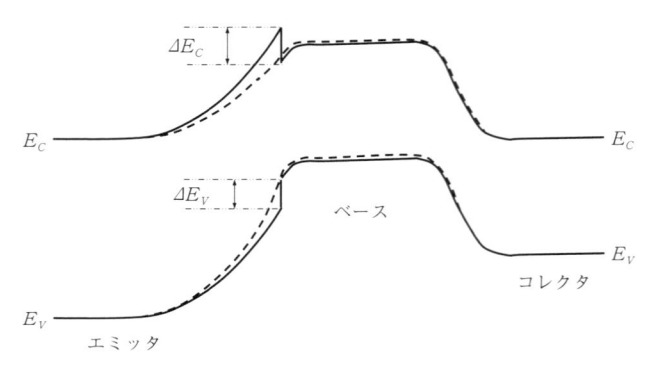

図11.3 HBTのエネルギーバンド図．実線：階段状ヘテロ，点線：グレイデッドヘテロ．

しかしながら，n-AlGaAsとp-GaAsをただ接触させると，図11.3の実線で示すように，界面にスパイク状のエネルギーバンドの突起が生ずる．その為，n-AlGaAsのAlの組成を徐々に減らして，図の破線のようになめらかにエミッタからベースにバンドギャップを減少させることが必要である．

実際のデバイスでは更にベース中に電界を作って，通常拡散で流れる少数キャリアを，より速度の速いドリフトで流れるようにする為，図11.4に示すように，ベース領域もAl組成を変化させたグレイデッド バンドギャップに

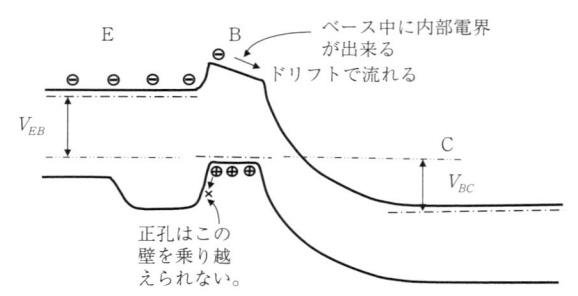

図11.4 実際のn-AlGaAs/p-GaAs/n-GaAs HBTのエネルギーバンド図(a)とAlの組成分布(b)．

している．こうすることにより内蔵電界ができて電子がドリフトし，ベース走行時間が減少，しゃ断周波数が高くなる．

この他に，エミッタに GaAs と格子整合する n-In$_x$Ga$_{1-x}$P を使った HBT もあり，こちらの方が信頼性が高いとの報告もある．

11.2.3　n-Si/p-Si$_{1-x}$Ge$_x$/n-Si HBT

Ge は Si より格子定数が大きいので，Si$_{1-x}$Ge$_x$ は Si に格子整合しない．しかし，Ge の組成 x が 0.2 以下だと Si$_{1-x}$Ge$_x$ の格子が縦長に歪んで Si に格子整合する．歪み Si$_{0.8}$Ge$_{0.2}$ は Si より 0.2eV 近くバンドギャップが狭いので，p-Si$_{1-x}$Ge$_x$ をベースにすることにより，ベース抵抗を低くし最大発振周波数の高い図 11.5 に示すような Si 系 HBT を作ることができる．

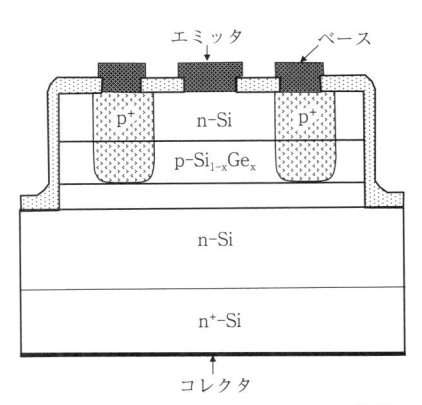

図 11.5　n-Si/p-SiGe/n-Si HBT の構造．

n-Si/p-SiGe/n-Si HBT は，イオン注入が使える等，Si LSI 技術をそのまま使える利点があり安くできる．またヒ素 (As) のような有害物質を含んでいないと言うことで，GaAs 系 HBT より多少特性が劣っても携帯電話などに使われる事があるようである．

11.3　変調ドープ FET（MODFET）

変調ドーピング（modulation doping）とは，図 11.6 に示すようにバンド

ギャップの広い半導体にドナーをドーピングした場合，電子がバンドギャップの狭い方に落ちてそちらで移動するような構造，状態を言う．図では GaAs 層はドープされていないので，AlGaN 層のドナーから供給された電子は，ドナーによる不純物散乱が少なく，したがって移動度が高くなる．

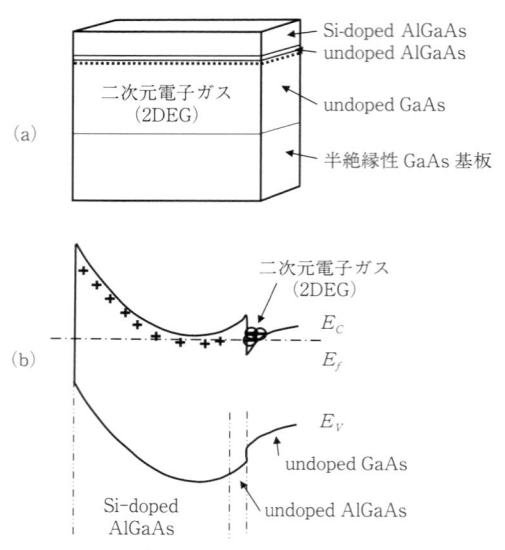

図 11.6 変調ドーピングの構造 (a) とエネルギーバンド図 (b)．

また電子はそれを供給したドナーイオンと別な所にあるので，空間電荷となり GaAs のバンドが曲がる．その結果電子はヘテロ界面に閉じ込められて，**二次元電子ガス**となる．

この高電子移動度の二次元電子ガスを用いた FET を MODFET（Modulation Doped FET）あるいは高電子移動度トランジスタ-----HEMT（High Electron Mobility Transistor）-----と言う．変調ドーピングの概念および実験は米国の Dingle と言う人がやったので，米国では MODFET と言うが，実際に FET に適用して最初に動作させたのは富士通研究所の三村氏だったので，日本では一般に HEMT と言われている．

構造の基本形は図 11.7 に示すように金属・半導体（ショットキー）接合のゲートの両側の AlGaAs 層上にソースとドレイン電極が作られている．n^+

-AlGaAs/undoped GaAs 界面に二次元電子ガスのチャンネルが有り，ゲートバイアスで電流を制御することができる．Si-MOSFET と異なり，チャンネルとゲート電極間に絶縁膜がないので，ゲートを大きく正にバイアスすることが難しいのが欠点である．

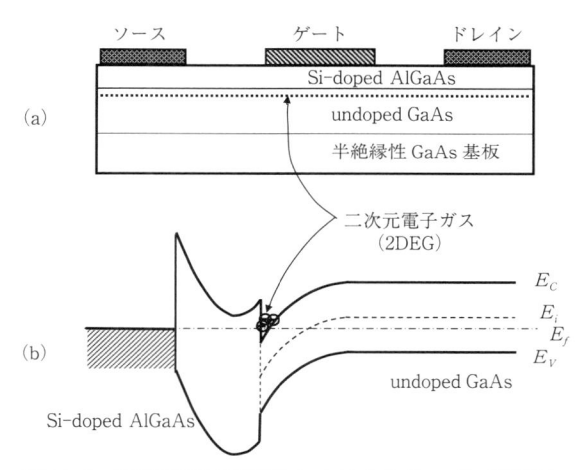

図 11.7 MODFET の構造(a) とエネルギーバンド図(b)．

しかし，二次元電子ガスであるために，電子の散乱のされ方が通常の三次元半導体と異なるようで，他のデバイスでは追随できない低雑音特性が得られ，特に通信衛星，放送衛星の受信用低雑音増幅器には欠かせないデバイスである．高出力用マイクロ波 FET としても携帯電話や衛星通信など多くの所で使われている．

しゃ断周波数は，6.2.2 項，(6.34)式に示したように次のように表される．

$$f_T = \frac{g_m}{2\pi C_{GS}} = \frac{1}{2\pi\tau} = \frac{v_s}{2\pi L} \tag{11.5}$$

ここで g_m は相互コンダクタンス，C_{GS} はゲート・ソース間容量，τ はゲート下の走行時間，v_s は飽和速度，L はゲート長である．各種 FET のゲート長に対するしゃ断周波数は，図 11.8 に示すようにこの式に良く乗っている．同一ゲート長でのしゃ断周波数の違いは，ゲート下の走行時間あるいは電子の飽和速度に依存していて，Si-MOSFET に比べて化合物半導体やヘテロ接合を用い

たMODFETのしゃ断周波数が高いことが分かる．

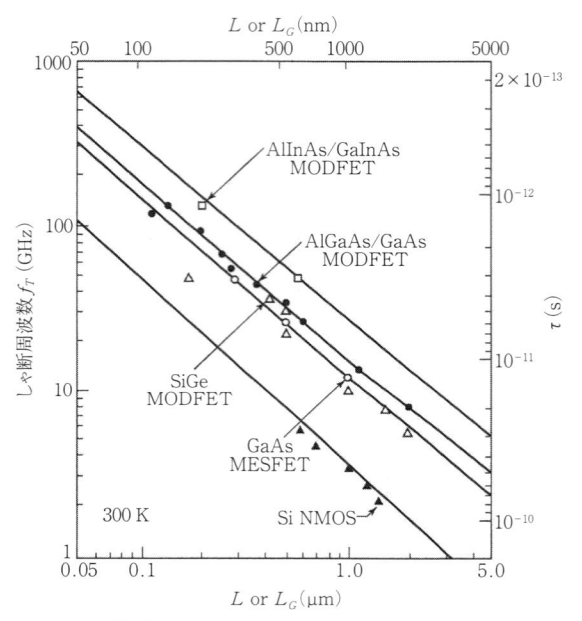

図11.8 各種FETのしゃ断周波数とゲート長の関係[1]．

引用文献

1) S.M. ジィー著，南日康夫，川辺光央，長谷川文夫訳「半導体デバイス（第2版）」産業図書，2004年，p.226，図7-18．

練習問題

1) HBT，MODFET，HEMT は何の略か？
2) 1GHz の波長はいくらか？
3) dB とはどのような単位で，66dB と 60dB の音はどちらが約何倍大きいか？
4) 特性インピーダンスとはどのようなもので，テレビのアンテナから普通のコードで信号を導いても，テレビが映らない理由は何か？
5) トランジスタのエミッタ注入効率とはどのようなもので，通常どのような値か？

6) ヘテロ接合とはどのようなものか，n-AlGaAs/n-GaAs 接合のエネルギーバンド図を描いて説明せよ．

7a) HBT ではどうしてベース抵抗を下げられるのか，バンドギャップとエミッタ注入効率の関係から，3 行程度で説明せよ．

7b) 通常のホモ接合バイポーラ・トランジスタでは，エミッタ効率 γ を高くするために，（ ① ）のドーピング濃度を（ ② ）のドーピング濃度の（ ③ ）倍程度にする必要があるため，ベース抵抗はあまり下げることができない．ヘテロ接合バイポーラ・トランジスタ（HBT）では，エミッタの（ ④ ）がベースの（ ④ ）より広いので，ベースの（ ⑤ ）がエミッタに少数キャリアとして注入されることはない．したがって，ベースのドーピング濃度をエミッタのドーピング濃度より（ ⑥ ）することができ，ベース抵抗を（ ⑦ ）ことができる．これが，HBT の最大発振周波数を高くできる最大の理由である．

8a) 最大発振周波数 f_{max} とはどのような周波数か？　また，しゃ断周波数 f_T との違いをベース抵抗の観点から 2 行程度で説明せよ．

8b) 最大発振周波数 f_{max} とは，トランジスタの入出力（ ① ）を整合した時，（ ② ）が得られる最大の周波数である．増幅が得られれば，（③——注；カタカナ）（日本語で；帰還）を掛けることにより（ ④ ）させることができるので，最大発振周波数と呼ばれる．

最大発振周波数 f_{max} は（ ⑤ ）に比例し，ベース抵抗に（ ⑥ ）する．したがって，f_{max} を高くするにはベース抵抗を（ ⑦ ）必要がある．通常のホモ接合バイポーラ・トランジスタでは，エミッタ注入効率 γ を高くするために，（ ⑧ ）のドーピング濃度を（ ⑨ ）のドーピング濃度の（ ⑩ ）程度にする必要があるため，ベース抵抗はあまり下げることができない．

9) 変調ドーピング（modulation doping）とはどのようなものか，エネルギーバンド図を描いて説明せよ．

10) しゃ断周波数 f_T と相互コンダクタンス g_m，ゲート・ソース間容量 C_{GS}，電子の飽和速度 v_s，ゲート長 L_g の関係を示せ．

第12章

光デバイス

　紫外から赤外までの光のスペクトルを図 12.1 に示す．この内人間の目に見えるのは大体 $0.4\mu m$ (400nm) から $0.7\mu m$ (700nm) までで，この領域を可視光領域と言う．それより短波長は紫外光，長波長は赤外光と呼ばれる．

　電子が波の性質を持っているのとは逆に，光は粒子としての性質を持っており，粒子としての光は光子；フォトンと呼ばれる．発光ダイオード (LED)，レーザ・ダイオード (LD)，光検出器，太陽電池など，半導体から光が出たり，半導体で光を受けたりする場合には，総て光子としての光が半導体のエネルギー準位と関係している．

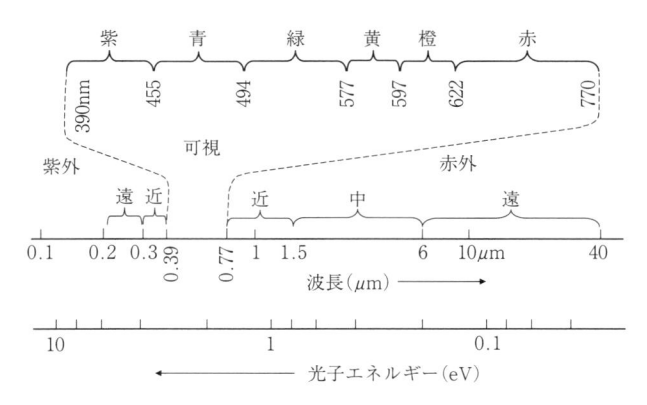

図 12.1　光（電磁波の一種）の波長領域と光子のエネルギー．

12.1 光吸収と発光遷移

光の波長 λ と半導体で使われるエネルギーの単位 eV の間には次のような関係がある.

$$\lambda = \frac{c}{\nu} = \frac{hc}{h\nu} = \frac{1.24}{h\nu(\text{eV})}\mu\text{m} \tag{12.1}$$

ここで，c は光速，ν は振動数，h はプランクの定数である．1.15eV の Si のバンドギャップは約 1μm の赤外の光に，約 0.5μm の緑色の光は 2.5eV に相当している事が分かる．

12.1.1 光子と半導体の相互作用

フォトンと半導体との相互作用は，図 12.2 に示す 3 つの場合に分類される．半導体が熱平衡状態（エネルギーの低い所の電子の数が多い）にある場合，バンドギャップ E_g より大きなエネルギー $h\nu$ のフォトンが入射すると（$h\nu \geq E_g$），価電子帯の電子はそのエネルギーを貰って図 12.2(a) に示すように伝導帯に励起され，電子・正孔対ができる．この時光は**吸収**される．この現象は光検出器や太陽電池に使われている．

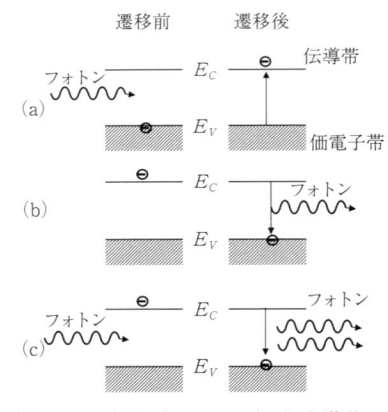

図 12.2 光子（フォトン）と半導体の相互作用．(a)吸収，(b)自然放出，(c)誘導放出．

他の光で励起されたり，pn 接合で少数キャリアが注入されて，熱平衡状態より伝導帯の電子の数が多く，価電子帯に正孔があると，この電子は熱平衡状態に戻ろうとして正孔と再結合する．この時半導体が直接遷移型だと，図 12.2(b) に示すようにバンドギャップに相当するエネルギーを持った光子が放出される．これを**自然放出**と言い，発光ダイオード（LED）に使われている．

伝導帯に多くの電子があり，価電子帯に多くの正孔があるところに（このような状態を反転状態と言う），バンドギャップと同じエネルギーを持った光子

($h\nu = E_g$) が入射してくると、図 12.2(c) に示すように電子はこの光子に誘われて、入射光子と同じ波長、同じ位相を持った光子を放出して正孔と再結合する（価電子帯に落ちる）。この現象を**誘導放出**と言い、レーザ・ダイオード（Laser Diode—LD）に使われている。したがって、LD から放出される光は波長も位相も揃っていて、"コヒーレント（可干渉性）である" と言われる。

12.1.2 透過, 吸収と吸収係数

図 12.2(a) では $h\nu \geqq E_g$ の場合を述べたが、$h\nu < E_g$ の場合には光（フォトン）は価電子帯から伝導帯へ電子を励起することができず、光は透過する。ガラスが透明なのは、ガラスのバンドギャップが 3eV 以上あって、可視光のいずれの波長の光も吸収しないからである。但し、バンドギャップ中に不純物や欠陥によるエネルギー準位があると、図 12.3(c) に示すように価電子帯の電子は光によってこのエネルギー準位に励起されて、このエネルギー差に相当する光は吸収される。例えばガラスの中に鉄イオンが含まれていると、赤色の光が吸収されて、ガラスはその補色である緑色に見える。

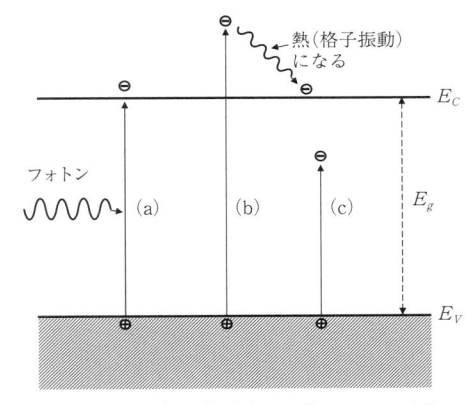

図 12.3 光の透過と吸収。(a) $h\nu \fallingdotseq E_g$ の場合、(b) $h\nu > E_g$ の場合、(c) $h\nu < E_g$ だがバンドギャップ内に欠陥準位がある場合。

逆に入射する光のエネルギーがバンドギャップより大きい（$h\nu > E_g$）と、図 12.3(b) に示すように価電子帯の電子は伝導帯の底よりはるか上まで励起され、余分なエネルギー（$h\nu - E_g$）は熱となって放出され、励起された電子は伝導帯の底まで落ちてくる。そこから更に価電子帯に落ちる時、自然放出になるか誘導放出になるかは、状況による。

$h\nu \geqq E_g$ の場合、光は吸収されながら半導体中に入り込む。入射した単位面積、単位時間当たりのフォトンの数 ϕ_0 は、吸収されることによって深さ方向の距離 x に対して図 12.4 に示すように指数関数的に減少する。

$$\phi(x) = \phi_o \exp(-\alpha x) \tag{12.2}$$

ここで α は**吸収係数**と呼ばれ，波長および物質の関数である．例えば太陽電池に使われるアモルファス Si では緑色の波長（約 $0.5\mu m$）に対して約 $10^5 cm^{-1}$，結晶 Si では約 $10^4 cm^{-1}$ である．即ち，緑の光を 90％吸収するためには，アモルファス Si(a-Si) では約 $0.23\mu m$，結晶 Si では約 $2.3\mu m$ の厚さが必要になる．$1.0\mu m$ の赤外の光は，a-Si では透過してしまい，結晶 Si では吸収係数が約 $10^2 cm^{-1}$ であるので，90％吸収するためには約 $230\mu m$ の厚さが必要になる．これが太陽電池での変換効率の低下に大きく関係してくる．

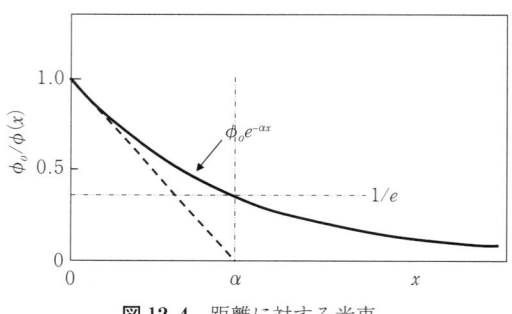

図 12.4　距離に対する光束．

12.2　発光ダイオード（LED）

人間には紫外線や赤外線は見えない．図 12.5 は人間の視感度曲線を示したものである．我々は $0.55\mu m$（緑）を最も感度良く見ることができる．LED は人に何かを表示するために使われることが多いから，やはり光の三原色，赤，緑，青の LED が欲しい．赤色の LED は 1960 年代からあったが，実用的な明るさの青色 LED，緑色 LED が市販されるようになったのは，GaN などの窒化物半導体が成長でき，p 形ドーピングが可能になった 1990 年代後半の事である．

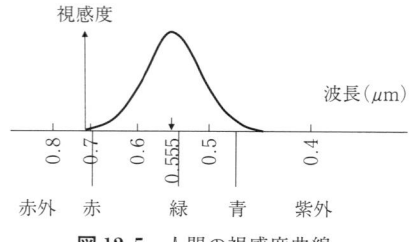

図 12.5　人間の視感度曲線．

第 12 章 光デバイス

現在の LED の基本構造は図 12.6 に示すように，ヘテロ接合を使ってバンドギャップの小さな発光領域に，n 形からの電子と p 形からの正孔を集めて再結合させ発光させるものである．もちろん発光領域は直接遷移型であることが必要である．

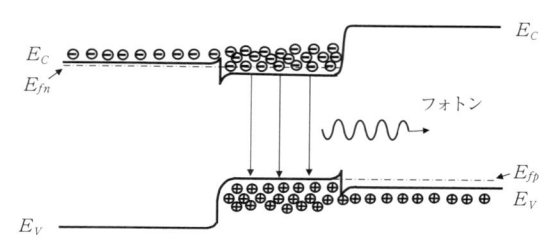

図 12.6 現在の LED 構造の基本であるダブルヘテロ構造．

12.2.1 赤色 LED

最初の赤色 LED は 1960 年代の，直接遷移型 $GaAs_{1-x}P_x$ pn 接合ダイオードであった．その後，間接遷移型の GaP 中の Zn-O 不純物準位を介した発光による LED が開発された．AlGaAs/GaAs/AlGaAs ダブルヘテロレーザが実用化された後，共振器を持たない $Al_xGa_{1-x}As/Al_yGa_{1-y}As/Al_xGa_{1-x}As$ ダブルヘテロ構造で高輝度赤色 LED が開発された．しかし高 Al 組成の AlGaAs は酸化されやすく，バンド不連続の少なさにより高輝度化に限界があった．

現在は DVD 用 LD として開発された，波長 650nm の AlInGaP 多重量子井戸（MQW）レーザの技術を応用して，図 12.7 に示すような AlInGaP MQW LED ---- 10 章 10.3.2 項，10.4 節参照 ---- が主流になっている．AlInGaP は図 12.7(a) に示すように GaAs を基板にして成長されるが，AlInGaP のバンドギャップ E_g は GaAs のそれより大きいので，基板側に放射された赤色の光は GaAs 基板に吸収されてしまう．そこで光の取り出し効率を良くするために，LED 構造成長後に表面に金属反射膜を付け，ウェーハを逆さまにして安い Si 基板に接着し，図 12.7(b) に示すように GaAs 基板を研磨除去し，発光効率の高い高輝度 LED を作製している．

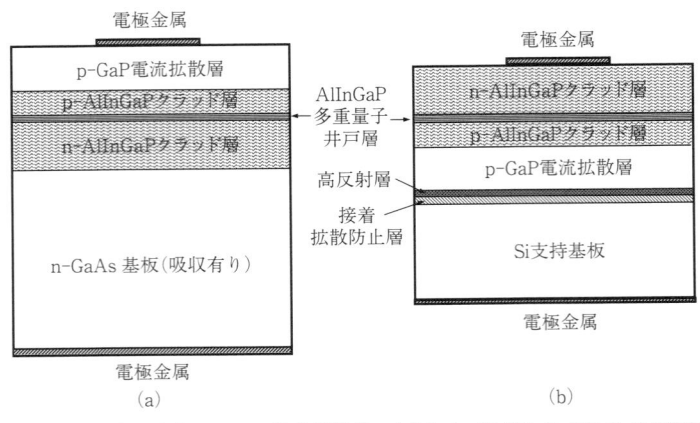

図 12.7 現在の赤色 LED の代表的構造．(a)GaAs 基板上に AlInGaP MQW が成長されている，(b)それを逆さまにして Si 基板に接着．

12.2.2 青色，緑色の LED

従来のせん亜鉛鉱型の III-V 族化合物半導体では，AlInGaP の約 2eV が直接遷移型の最大値であった．$E_g = 2.25 \text{eV}$ の GaP は間接遷移型であるが，窒素（N）を添加するとこれが特殊なアイソエレクトロニックトラップと言うものを形成し，ここに電子がトラップされ，正孔を引きつけて再結合する時に黄緑の発光をする．1995 年頃まではこれが唯一緑色に近い発光をする実用的 LED であった．残念ながら不純物準位を介しての発光であるので，低い電流密度で発光が飽和し，高輝度 LED はできなかった．

GaN は同じ III-V 族化合物半導体であるが，立方晶の GaAs などと異なりヘキサゴナル（六方晶）構造である．また窒素（N）の乖離蒸気圧が非常に高いために，現在でも GaAs のようなバルク結晶を成長することができない．1980 年代の後半，名古屋大学の赤崎研究室で，サファイア基板上に AlN を緩衝層として高品質 GaN の成長に成功した．更にバンドギャップが広い半導体では不可能だと言われていた，p 形ドーピングにも成功し初めて青色で光る GaN pn 接合発光ダイオードの作製に成功した．

1990 年代半ば，当時地方の小さな蛍光体メーカであった日亜化学工業（株）にいた中村修二氏は，この結果を発展させて GaN/InGaN/GaN 多重量子井戸

構造の高輝度青色LEDの開発，製品化に成功した．現在の青色，緑色，白色LEDは総て，赤崎，中村の日本勢により開発されたGaN/InGaN/GaN多重量子井戸構造を用いたものである．青色，緑色LEDができることにより，光の三原色が揃ったのでサッカー場などで使われているLEDを使った大型ディスプレイが可能になった．

青色，緑色LEDの基本的構造は図12.8に示すようになっている．サファイアは絶縁物であるので，n形基板からの電極も脇の方から取ることが必要である．

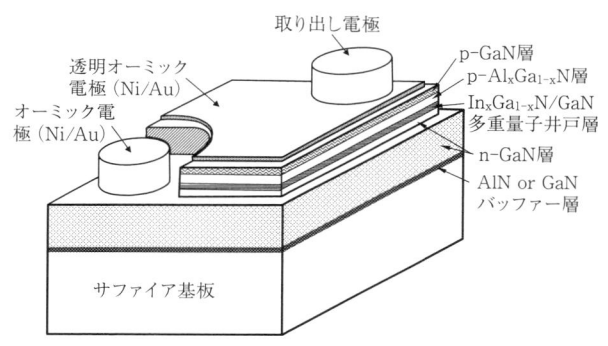

図12.8 窒化物半導体を用いた青色，緑色LEDの構造．

12.2.3 白色LED

2009年から2010年にかけて，白色LED電球が急速に普及し始めている．発光効率が蛍光灯並みになったことと，寿命が4万時間以上と長く，寿命まで考慮すると白熱電球や蛍光灯電球に匹敵する値段になったためである．

白色LEDは図12.9に示すように，青色LEDで緑，赤あるいは黄色の発光をする蛍光体を励起して，全体としてRGBの三原色の混ざった

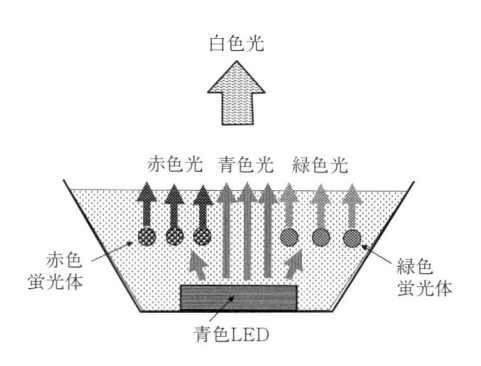

図12.9 白色LEDの原理図．

白色を出している．GaN/InGaN/GaN 多重量子井戸青色 LED の発光効率が高くなったことが，LED 照明を可能にしたと言える．

12.2.4 赤外 LED

一番最初に開発された GaAs pn 接合の赤外 LED が未だに広くフォトカプラに使われている．フォトカプラと言うのは光アイソレータとも言われ，電気信号を赤外 LED で光信号に変え，Si フォトダイオードで再び電気信号にするものである．電気的入出力を完全に分離することができるので，出力側から電気信号が入力側に戻って来ることはなく，多くの電気回路で使われる．

この他に赤外 LED は自動扉などのセンサ用光源などにも使われている．

12.3 レーザ・ダイオード（LD）

LED と LD はいずれも発光デバイスであるが，LED が明かり，ランプとして使われるのに対して，LD は通信用の信号や光ディスクの読み出し，書き込み等の電磁波源として使われる．

12.3.1 LED との違い

LED から出てくる光は波長も位相も揃っていない，色々な方向を向いた光だが，LD からの光は波長も位相も揃ったコヒーレントな光で，レーザ・ポインタで見られるようにほとんど分散することなく一つの方向に進む．

このようなコヒーレントな光を出すためには，図 12.2(c) で述べた誘導放出を使う必要がある．その為には，図 12.10 に示すように半導体を劈開して反射面を作り，ファブリ・ペロ共振器と言うものを作る必要がある．これについては次節で述べる．

LD が LED と大きく異なるもう一つの点はバイアス電流密度である．LD の電流密度は LED の 100 倍以上大きい．LD の電流を増加していくと，図 12.11 に示すようにはじめ幅広い波長領域で波長や位相の揃っていない，LED と同様な発光をする．電流密度 J を上げていくと，端面で反射してきた光が，伝導帯に励起されている電子を誘って，誘導放出遷移をさせる．これがどんどん進むと，図 12.11 に示すように共振器長にあった光だけが突出して増大する．こ

第12章　光デバイス

れがレーザ光である．この発光強度をバイアス電流に対してプロットすると，図12.12のようになる．即ち，あるバイアス電流の所から，ある狭い波長の発光が急激に強くなる．通常これがレーザ発振であり，レーザ発振の始まるバイアス電流密度を**しきい値電流密度** J_{th} と言う．しきい値電流密度がある程度小さくないと，実用的な室温での連続発振が難しい．

なお，LDでは反射鏡の一方の反射率を少し下げて置くことにより，その方向にだけ波長，位相の揃った光が放射される．

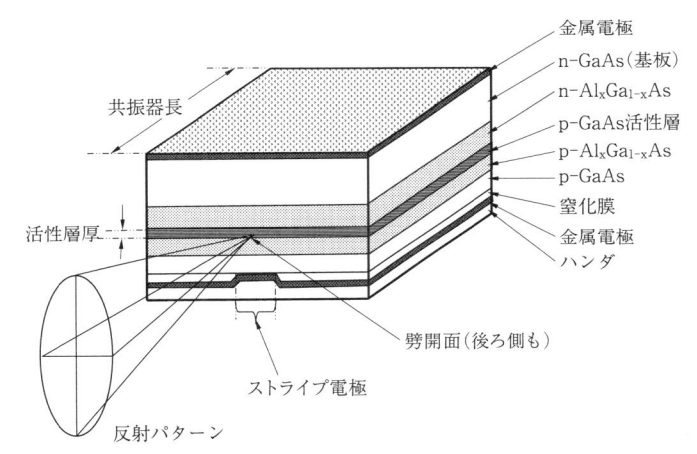

図 12.10　LD の構造図．放熱板にマウントする為に，逆さま（upside down）になっている．

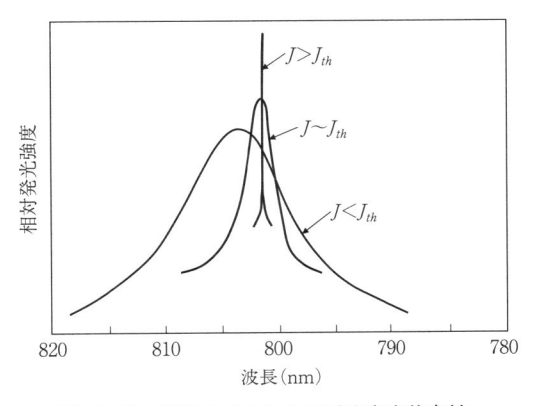

図 12.11　発光スペクトルの電流密度依存性．

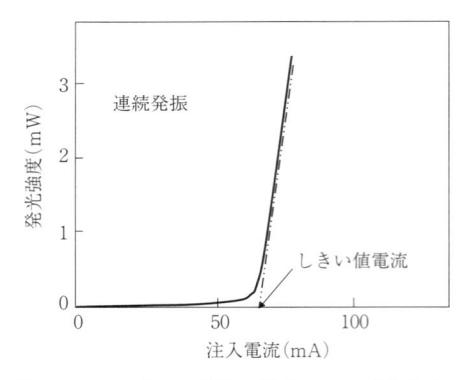

図 12.12 バイアス電流に対するレーザ光強度.

12.3.2 レーザ発振を可能にする機構

レーザ発振を起こさせるためには，上述のファブリ・ペロ共振器による光のフィードバックの他に，反転分布，キャリアと光の閉じ込めが必要である．

ファブリ・ペロ共振器（光共振器とも呼ばれる）は一般には劈開で作られる（110）結晶面からなる平行な二つの反射面で作られる（Blu-ray Disc 用 GaN LD では劈開面が使えないでエッチングで作られる）．反射面では光の波が固定されるので，図 12.13 に示すように定在波が立ち，波長 λ と共振器長 L の間には次式のような関係が成り立つ．

$$m\left(\frac{\lambda}{2n}\right) = L$$
$$m\lambda = 2nL \tag{12.3}$$

ここで m は整数，λ は波長，n は屈折率，L は共振器長である．

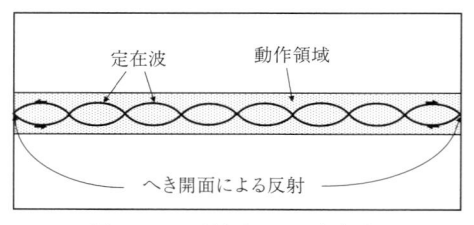

図 12.13 反射面による定在波.

LED ではわずかな少数キャリアの注入でも発光が観測されるが，この発光がレーザ光になるためには，共振器による光のフィードバックの他に，キャリアの強い反転分布が必要である．即ち，図 12.6 に示す発光領域に於いて，伝導帯に充分な数の電子が，価電子帯には充分な数の正孔が必要である．この状態は通常の熱平衡に近い状態に於ける「エネルギーの高い所の電子の存在確率は，低い所の電子の存在確率より小さい」と言う状態と反対なので，**反転分布**と言う．この状態を作るためには，図 12.6 に示すようにヘテロ接合によって，注入された少数キャリアの電子や正孔が広がってしまうのを防ぐことが必要である．

もう一つ LD で重要な事は，反射面でフィードバックされた光が分散してしまわないように，薄い発光領域に閉じこめられることである．幸いなことに通常バンドギャップが小さいほど，半導体の屈折率が大きくなっているので，全反射の理屈で図 12.6 に示す発光領域に反射してきた光が閉じこめられる．その結果誘導放出がし易くなる．

12.3.3 レーザ・ダイオードの例と特性

先にも述べたように，最初に室温でレーザ発振した LD は，AlGaAs/GaAs/AlGaAs ダブルヘテロ（Double Hetero—DH）構造であった．この系の LD は今でも CD に使われている．

現在光ファイバー通信などの最先端に使われている LD は，ほとんどが図 12.14 に示すような，多重量子井戸（MQW：Multiple-Quantum-Well—10 章 10.4 節参照）構造になっている．また，動作電流を小さくし，余分な共振が起こらず放射する光の幅を狭くするため，図 12.10 に示すようなストライプ構造になっている．

現在広く使われている LD の半導体材料と発振波長，用途は以下のようなものである．

$InP/In_xGa_{1-x}As_yP_{1-y}/InP$ ——$1.3 \sim 1.5 \mu m$ 光通信
$Al_xGa_{1-x}As/GaAs/Al_xGa_{1-x}As$ ——約 850nm CD 用
$Al_{x1}In_{y1}Ga_{1-x1-y1}P/Al_{x2}In_{y2}Ga_{1-x2-y2}P/\cdots$ ——約 650nm DVD 用
$GaN/In_xGa_{1-x}N/AlGaN/GaN$ ——405nm Blu-ray Disc 用

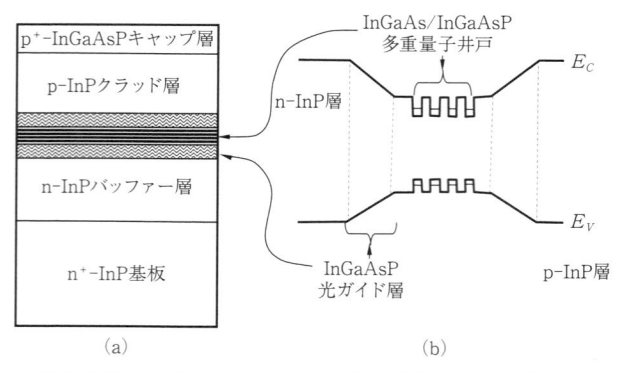

図 12.14　光通信用 InGaAsP MQW LD の例．(a)構造，(b)屈折率を傾斜させ，キャリアを注入し易くした GRIN-SCH 構造．

12.4　光検出器

　レーザ光で信号を送っても，光信号を電気信号に変えることができなければ，光通信は成り立たなし，CD や DVD の再生もできない．この光検出器に使われるのがフォトダイオードである．7.3.1項の CCD イメージ・センサの所で述べたフォトダイオードは，光で励起された電子を溜める構造のものであったが，通常のフォトダイオードでは逆方向バイアスされた pn 接合の逆方向電流を測定する．

　12.1.2項で述べたように，吸収係数は有限な値であるから，光によって励起された電子・正孔対が逆方向電流の増大に貢献できるような領域がある程度厚い必要がある．したがって，通常フォトダイオードは図 12.15 に示すように p-i-n 構造になっている．ここで i- 層と言うのは，intrinsic 層と言う意味で，ドナーやアクセプタがほとんどドープされておらず，したがって，空乏層が広く広がり，逆方向電圧，電界が掛かっている領域である．

　入射された1個のフォトンで作られる，電子・正孔対の数を量子効率と言う．量子効率を高くするためには，吸収係数を大きくまたある程度吸収層を厚くする必要がある．Si フォトダイオードが広い用途に使われるが，光ファイバー通信に使われる 1.3〜1.5μm の光は Si で吸収されない．したがって，光ファイバー通信用のフォトダイオードには，バンドギャップの狭い Ge や

InGaAs のフォトダイオードが使われる．

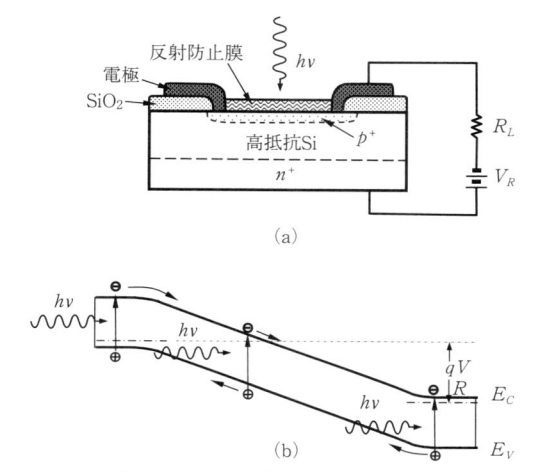

図 12.15 Si フォトダイオードの構造(a)とエネルギーバンド図(b)．

12.5 太陽電池

地球温暖化の問題が深刻になり，CO_2 を出さない太陽電池に対する需要が急速に高まっている．ここでは太陽電池の動作の基本を述べる．

12.5.1 太陽光

太陽では毎秒 6×10^{11} kg の水素（H）が核融合によりヘリウム（He）になっている．この時 4×10^3 kg の質量損失があるので，アインシュタインの関係式（$E = mc^2$）によると，毎秒 4×10^{20} J（ジュール）のエネルギーが放出されることになる．

このエネルギーは図 12.16 に示すように赤外線を含む光として地球に注がれる．空気の層で吸収される前の上空では，このエネルギーは約 1.37kW/m^2 となる．これを AM（Air Mass；エアマス）0 の太陽光と言う．太陽光は空気中の酸素や水蒸気により図 12.16 に示すように吸収される．当然空気の層を長く通過すると吸収量が大きくなる．太陽光が垂直に入った場合に空気，水蒸気に

よって吸収された後の太陽光を AM1.0 と言う．日本では斜めに入るから，太陽電池の特性を評価する時は通常 AM（エアマス）1.5 を使い，その時の太陽光のエネルギーは約 1kW/m^2 とされている．

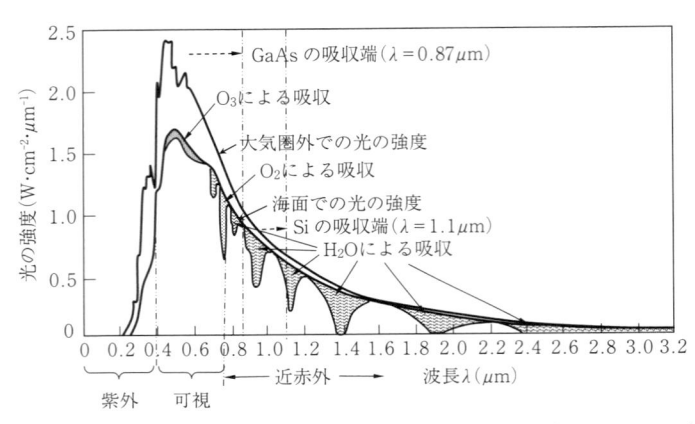

図 12.16 太陽光のスペクトルと水分や酸素による吸収．Si および GaAs のバンドギャップに対応する波長も示されている．

12.5.2 pn 接合太陽電池の原理

pn 接合の両端に抵抗負荷を繋いで光を当てる場合を考える．入射光がなければ当然フェルミ準位（水面）は一致している．空乏層の所にバンドギャップ以上の光が当たると図 12.17(a) に示すように電子・正孔対ができて，空乏層の電界により電子は n 形領域に，正孔は p 形領域にドリフトされ分離される．

もし負荷抵抗がゼロ，即ち n 形領域と p 形領域がショートされている場合，このリード線には pn 接合の空乏領域に入射した光に比例した電流が流れ，逆方向電流が増えたように見える．即ち，ダイオードの電流 – 電圧特性は，図 12.18 に示すように光電流 I_L 分だけマイナス方向にずれた下式のようになる．この時の動作点は図 12.18 の（イ）の点になる．

$$I = I_s \left(\exp \frac{qV}{kT} - 1 \right) - I_L \tag{12.4}$$

逆に負荷抵抗が無限大，即ち n 形領域と p 形領域が開放されている場合，空乏層の電界で n 形領域に集められた電子は空間電荷となって n 形領域のポ

第 12 章 光デバイス

テンシャルを上げる．p 形領域に集められた正孔は電子に対するポテンシャルを下げる．その結果図 12.17(b) に示すように n 形領域と p 形領域のフェルミ準位に差ができる．この差が pn 接合太陽電池の出力電圧である．

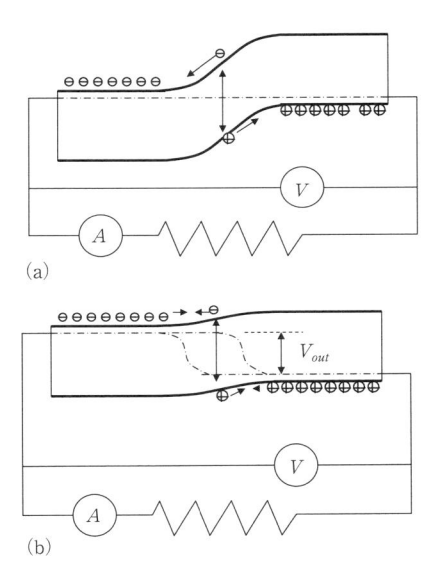

図 12.17 pn 接合に光が照射された場合のバンド図．負荷抵抗がゼロの場合 (a)，無限大の場合 (b)．

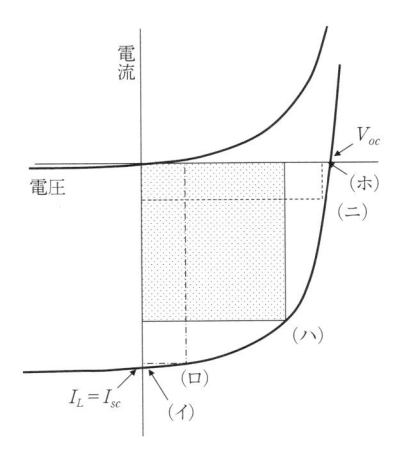

図 12.18 pn 接合ダイオードに光が照射された場合の電流–電圧特性．

回路がオープンの場合，この出力電圧が何処まで大きくなるかと言うと，この電圧がダイオードの順方向電圧と同じ働きをするので，順方向電流が光による逆方向電流 I_L と同じになる所までである．この動作点は図 12.18 の（ホ）の点になる．電力は $I \times V$ であるから，動作点（イ）でも（ホ）でも太陽電池から出力電力を取り出すことはできない．

負荷抵抗をゼロ（ショート）から増加させると，図 12.18 の（ロ）の点のように，電流も流れるが電圧も少し出るようになる．更に負荷抵抗を最適にすると，図 12.18 の（ハ）の点のように，電流も電圧もそこそこの値が出るようになる．出力電力は電流×電圧であるから，図 12.18 の点を打った長方形の面積になる．更に負荷抵抗が大きくなって，動作点が図 12.18 の（ニ）になると，この長方形の面積は小さくなるから，出力電力を最大にする最適負荷抵抗が存在する．

12.5.3 構造と変換効率

Si のバンドギャップは 1.15eV であるから，図 12.16 に示す太陽光の波長の内，$1.1\mu m$ より短波長の光は Si に吸収される．しかしながら，強度の大きな約 $2eV(\lambda=0.51\mu m)$ の緑の光は，バンドギャップの 2 倍ものエネルギーがあるが，図 12.3 で説明したように，1eV 分は電子・正孔対を作るためではなく熱となってしまう．

したがって，高効率にするためには図 12.19 に示すようにバンドギャップの異なる pn 接合を幾つか直列にすることより，太陽光のスペクトルからなるべく多くのエネルギーを得ることが望ましい．このような多接合タンデム型の太陽電池は，従来単結晶基板上の化合物半導体，例えば InGaP(1.87eV)/GaAs (1.4eV)/Ge(0.67eV) の構造でしか実現することができなかった．しかし最近は図 12.20 に示すようにアモルファス（a-)SiC，a-Si，微結晶（μc-）Si の接合により，Si 系薄膜太陽電池でも可能になりつつあり，一部実用化されている．残念ながら効率は単結晶基板上の化合物半導体では最高 40% 近く得られるのに対し，Si 系薄膜太陽電池では実験室レベルでも 20% 程度しか得られない．もっとも前者は大変高価なものになるので，高価でも高効率で多くの電力を必要とする衛星の電源用などに使われている．後者は遙かに安いがそれでも得られる電力の値段は現状の電力の 2 倍以上になってしまう．しかし，CO_2

削減の為，現在世界中で低価格化，高効率化の努力がなされ，一旦高価な電力を買い上げ，その費用を従来型の電力の価格に上乗せする政治的な措置が執られている．

電子・正孔対ができても，図12.17で説明したように，適切な負荷抵抗でな

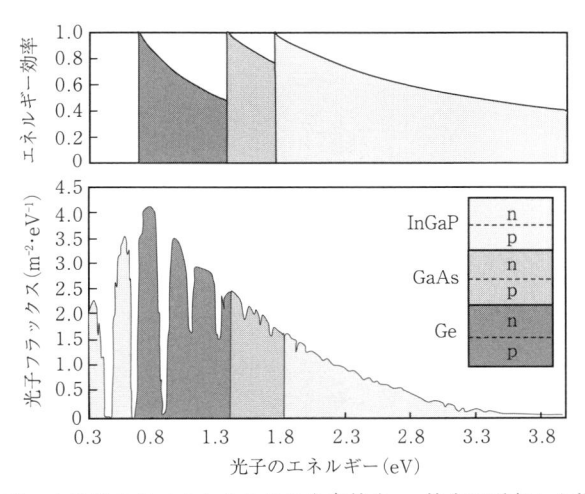

図12.19 太陽光のスペクトルとそれを多接合pn接合で吸収した場合のエネルギー効率[1]．図12.16と縦軸，横軸が異なることに注意．

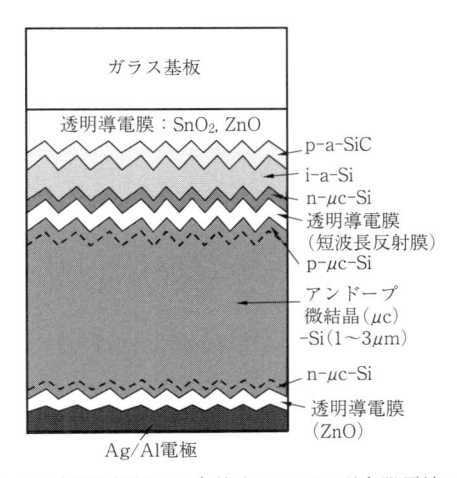

図12.20 Si系薄膜材料での多接合タンデム型太陽電池の構造[2]．

いと出力電力は得られない．負荷抵抗を最適化しても，図12.17に示したように短絡電流 I_L と開放電圧 V_{oc} の積にはならない．光の入射電力を P_{in} とすると**変換効率** η は次のように表される．

$$\eta = \frac{FF \cdot I_L V_{oc}}{P_{in}} \tag{12.5}$$

ここで FF はフィルファクタと呼ばれ，1より小さな値である．pn接合部から負荷までの間に電極などの抵抗があると，FF は更に小さくなる．

その他にも色々効率を低下させる要因があって，実用化されているSi系太陽電池で変換効率は十数％，化合物半導体を使った衛星用の多接合タンデム型でも30％程度である．

引用文献
1) 杉山正和，渡辺健太郎，肥後昭男，中野義昭「高効率タンデム太陽電池」応用物理，79巻（2010）第5号，p.435.
2) 小長井誠「薄膜シリコン太陽電池の高効率化技術」応用物理，79巻（2010）第5号，p.393.

練習問題
1) 光物性について．
   a) 自然放出と誘導放出の違いについて3行で説明せよ．
   b) 吸収，自然放出，誘導放出はそれぞれどのようなデバイスに利用されているか？
   c) 吸収係数 α とはどのようなものか？
      吸収係数が $\alpha = 10^4$/cm としたら，透過光が e^{-1} になる膜の厚さはいくらか？但し，表面，界面での反射は無視するものとする．
   d) 波長500nmの光（青緑色）はいくらのバンドギャップに相当するか？
2) LEDについて．
   a) 量子効率とはどのようなものか？
   b) 人間の目が最も感度の良い波長はいくらか？
   c) 青色，緑色のLEDはどのような半導体で作られているか？
3) レーザ・ダイオード（LD）について．

第 12 章 光デバイス

a) LD が LED と異なる点を 3 点挙げよ.
b) レーザ発振をするにはキャリアが反転分布をすることが必要である．反転分布とはどのような状態か？
c) 室温で発振する LD を作るにはダブルヘテロ構造（DH-Double Hetero 構造）にすることが必要である．順方向にバイアスした状態のバンド図を描いてその理由を説明せよ．
d) 光の閉じ込めは何故必要で，どのように行うか？
e) しきい値電流密度とはどのようなものか？

4) 光検出器，太陽電池について．
a) フォトダイオードの動作原理を説明せよ．
b) 太陽電池の原理をバンドを描いて説明せよ．
c) ダイオードに光が当たると，電流－電圧特性はどのようにずれるか描け．また，その図の中に，開放電圧 V_{oc} と短絡電流 I_{sc} の位置を示せ．
d) 1つの太陽電池の出力電圧は何によって制限されるか？ 1つの Si 太陽電池の出力電圧は大体いくらか？
e) 太陽電池の変換効率は，どのような要素によって決まるか？ フィルファクタとは何か？

第13章

集積回路：IC（Integrated Circuit）

ダイオード，トランジスタは現在高耐圧，大電力，高周波などの特殊な用途を除いてはほとんどが集積化されて使われている．集積化の為のプロセス技術については他の教科書に譲るとして，ここでは集積回路（IC）の概念，概要，集積化の限界について簡単に述べる．

13.1 ICの概念と特徴

半導体産業はこの30年間以上，図13.1に示すように，自動車，鉄鋼等他産業に比べて遥かに高い成長率で発展してきた．その最大の要因は集積回路技術

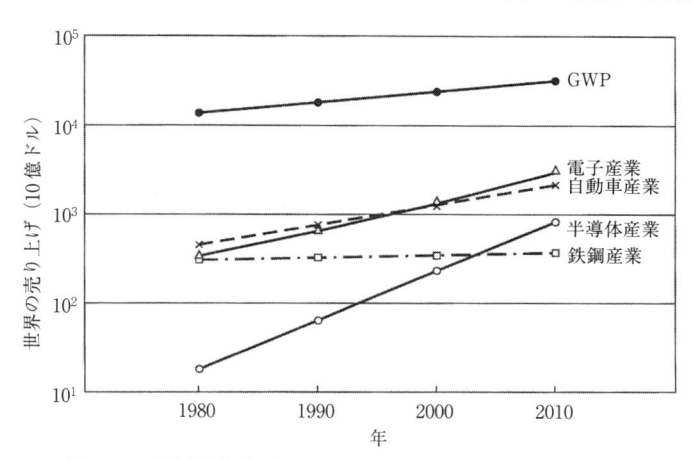

図13.1 世界総生産（gross world product, GWP）とエレクトロニクス，自動車，鉄鋼の売上高．1980年から2000年までと2010年の予測値[1]．

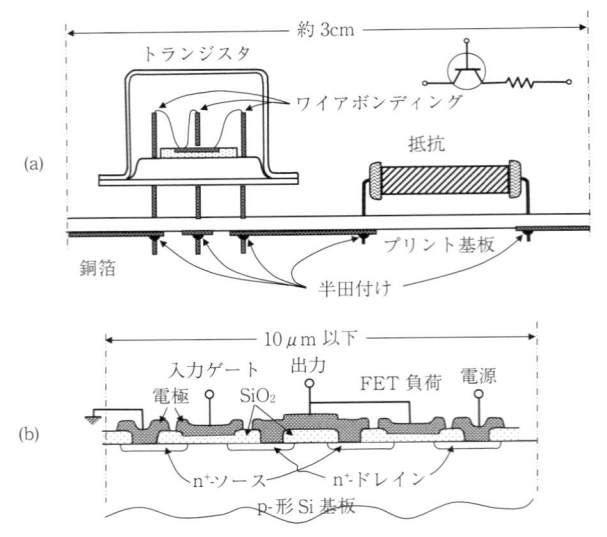

図 13.2 個別素子によるトランジスタと抵抗 (a) と集積回路技術による MOSFET と FET 負荷 (b).

の発展である．集積回路は図 13.2 に示すように，個別部品を 1 つにまとめただけで何ら新しい物理現象は使っていない．しかし，その利点と効果は絶大で，集積回路なしには現在の情報化社会の発展はなかったと言っても過言ではない．

集積回路技術の基本は，**リソグラフィ**と言われる写真の原理による微細パターンの作製である．その結果，図 13.2 に示すようにまず個別素子を半田付け等で組み立てた場合に比べて，電子回路を桁違いに小さくできる．その上，**バッチ処理**と言って 1 枚の Si ウェーハに数千個の電子回路を一度に作製することができる．製作コストはウェーハの枚数によるので，ウェーハ当たりのチップ数が倍になると，価格が半分になる．価格が安くなると更に用途が広がり，生産量が増大し価格が安くなると言う好循環が起こる．

このような IC も他の多くの先端技術と同様，軍事的な目的の開発であった．ミサイルや衛星に載せるための回路の小型化，軽量化，高信頼化は，少しの特性改善が大きな効果をもたらすので，価格を考慮せずに開発ができた．一方，トランジスタの場合と同様，IC を民生用の電卓に適用したのも日本であった．

第13章　集積回路：IC (Integrated Circuit)

民生用の大量生産によって価格が安くなり，更に用途が広がった．

ICのもう一つの特徴は，電子回路の信頼性が格段に向上したことである．図13.2から分かるように，個別部品から回路を組み立てる場合，トランジスタに負荷抵抗を付けるだけで，10カ所以上のリード線接続が必要である．家電製品で良く経験するように，多くの不良はリード線の接触不良で起こる．ICではこのリード線の接続はチップとパッケージの接続部分だけになり，信頼性が格段に向上した．

更に，図13.2に示すような小型化により，リード線によるインダクタンスは減少するし，信号が伝達する距離も短くなるので，回路は高速，高性能になる．即ち，集積回路には新しい物理現象は使われていないが，工業的には良いことだけで欠点は見当たらない．

IC製作プロセスは図13.3に示すようにまとめられる．まず，Siウェーハに酸化膜や金属膜などの膜を付ける．次にガラスマスクを使って，パターンを形成し（これをリソグラフィ工程と言う），イオン注入などの不純物ドーピングをするか，金属膜などのエッチングをする．その上に更に絶縁物や導電性の膜を堆積し，またリソグラフィによりパターニングをする．通常，このリソグラフィ工程を10回ぐらい行って，ICチップが何千個もできたウェーハができ上がる．

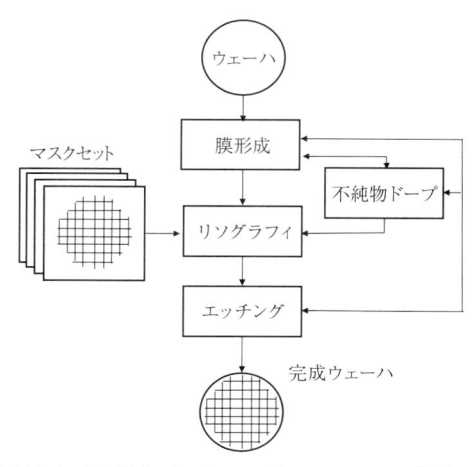

図13.3 IC製作プロセス．ガラスマスクの枚数でプロセスの長さが決まる．

通常皆さんの目にするICは，図13.4に示すようにこのウェーハ(a)からチップ(b)を切り出し，ムカデの足のようなリード電極を持ったICパッケージ(c)にマウントされたものである．パッケージの大きさはリード電極を回路用基板に半田付けする間隔で制限されて，通常ICチップの数倍の大きさになる．チップの中には図(d)に示されるような集積回路が作られているが，これは高倍率の顕微鏡で見ないと見えない大きさである．

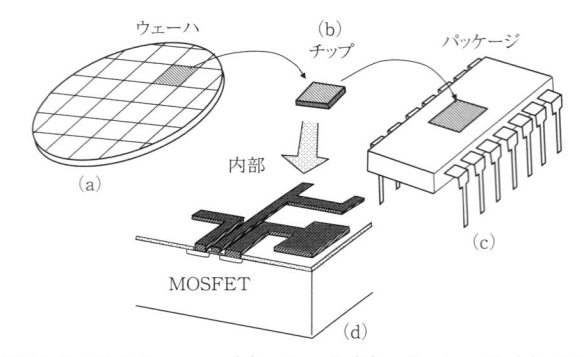

図13.4 ICのウェーハ（a），チップ（b），パッケージ（c）の関係．(d)はチップの内部.

集積回路はこの30年以上，図13.5に示すようなムーアの法則に従って発展してきた．集積度は3年で4倍（5年で1桁）向上し，ロジック回路のクロック周波数は8年で1桁速くなってきた．図にも示すように，1998年の時点では「もうボツボツ飽和するであろう」と考えられていたが，これは1980年代にも言われていたことで，予想に反してその後30年近くもムーアの法則は成り立っている．しかし，後述するようにもちろんこのような指数関数的な発展は無限に続くわけはなく，提案者のムーア（インテルの共同創業者の一人）が，もう限界に近づいていると述べている．

集積度の向上に従って，ICは下記のように名前を付けられてきた．しかし，ULSI以降名前の付けようがなくて，最近は単にICあるいはLSIと呼ばれている．

  IC（Integrated Circuit）
  LSI（Large Scale Integration）

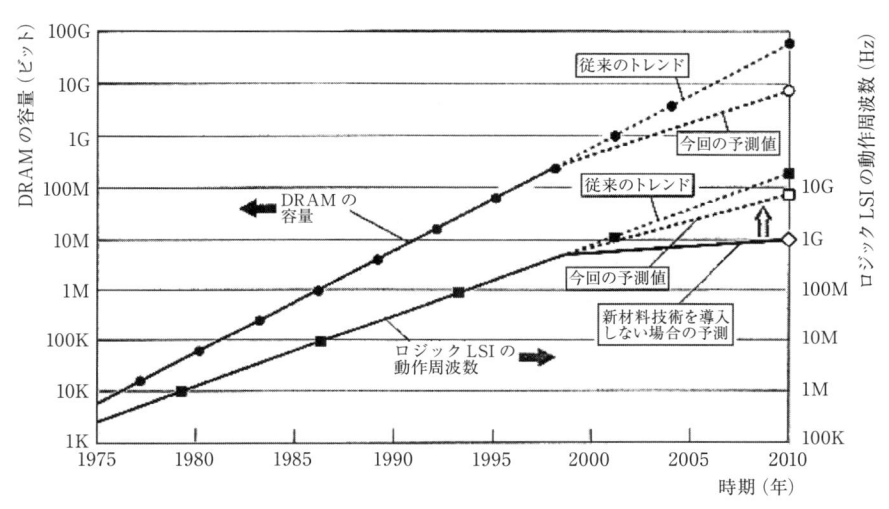

図 13.5 年数に対する DRAM の容量とマイクロプロセッサのクロック周波数[2]．年数に対する集積度と特性の指数関数的改善をムーアの法則と言う．

VLSI（Very Large Scale Integration）
ULSI（Ultra Large Scale Integration）

13.2 受動素子

電子回路に使われる受動素子としては，抵抗，容量（キャパシタ），インダクタがある．この内抵抗は IC では基本的に使われない．昔は6章，6.18（b）図に示したように"負荷抵抗"が使われたが，現在のロジック回路の"負荷"には総て MOSFET が使われている．これは**能動負荷**（active load）と言われるもので，半導体層を使った抵抗負荷に比べて，面積も格段に小さく温度特性もよい．

キャパシタは 8.1.2 項で述べたように DRAM の記憶素子である．8章 8.5 図に示したように，容量をどう作るかが，DRAM の高集積化の重要技術になっている．

インダクタは通常のモノリシック IC では基本的に使われない．主にマイクロ波用のハイブリッド IC（セラミック基板上にトランジスタ，キャパシタ，

インダクタ，ストリップ線路等を集積化したもの）に使われる．

13.3 バイポーラ IC

バイポーラ IC は MOS IC に比べて使われている量は圧倒的に少ない．ただ，モーターの制御等駆動電流を必要とする所には，微少領域で大電流の流れるバイポーラ IC の方が有利である．

BiTr は縦型である為，MOSFET に比べて集積化には余分な工程が必要となる．特に IC では全電極を表面から取らなければならないので素子分離が重要になる．図 13.6 に示すように，1970 年以前には，横方向と深さ方向の分離に p-n 接合が使われていた（図 a）．1971 年に横方向の分離に酸化膜が用いられるようになり（図 b），その後も微細化が進んで，2000 年には面積 $5\mu m^2$ になっている（図 c, d）．

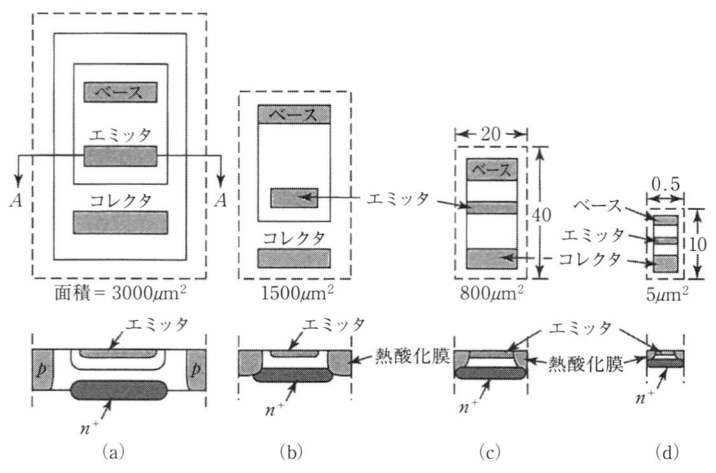

図 13.6 IC 用 BiTr の平面図と断面図の推移．(a) p-n 接合による分離，(b) 酸化膜による分離，(c, d) 酸化膜分離の改善[3]．

バイポーラ IC の製作では，図 13.7 に示すように n^+ コレクタ層を埋め込む必要があり，イオン注入，エピタキシャル成長が必要になる（図 a, b）．その為必然的に MOS IC より工程が長くなる．

第13章 集積回路：IC（Integrated Circuit）

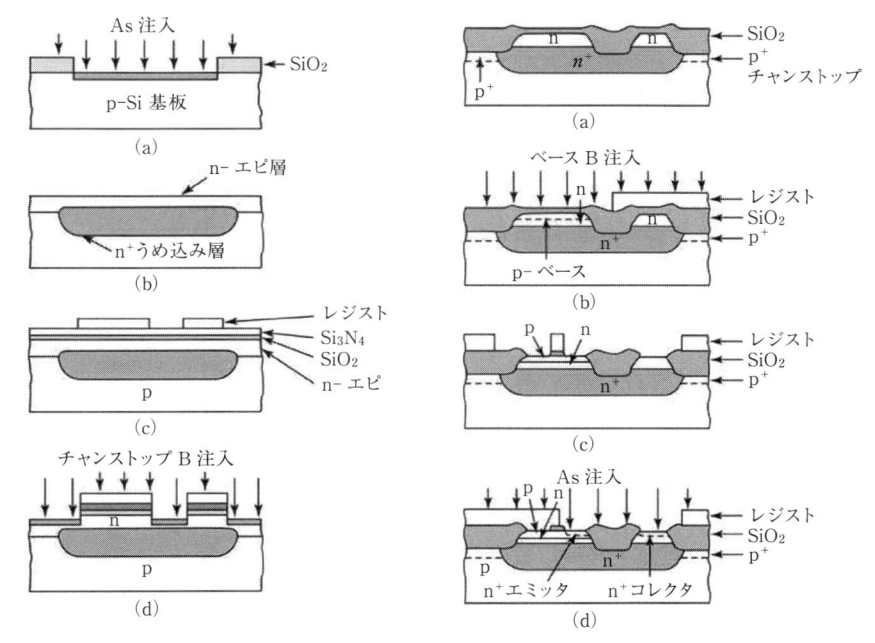

図13.7 IC用BiTrの製作プロセス．左列（a）埋め込み層のイオン注入，（b）エピタキシャル成長，右列（a）酸化膜による分離[4]．

13.4 MOS IC

現在集積回路のほとんどはMOS ICである．MOSFETの寸法は図13.8に示すように1960年代の$6000\mu m^2$から2000年には$1\mu m^2$に減少している．製作プロセスは図13.9のようになる．即ち，p形（100）Si基板上にSiO_2/Si_3N_4膜を形成し（図a），Bのイオン注入によりチャンネルストップ層を形成する（図b）．Si_3N_4膜をマスクにしてSiを選択酸化し，フィールド酸化膜（$\sim 1\mu m$）を形成する（図c）．フィールド酸化膜以外の所のSiO_2/Si_3N_4膜を除去し，界面準位密度の少ない乾燥酸化により慎重にゲート酸化膜（現在は3～5nm）を形成する．

ゲート電極としては，CVD（Chemical Vapor Deposition…化学気相堆積）法により，信頼性の高いポリSiゲートを使う（図d）．ソースとドレインをイオン注入し（図e），CVD法でリン（P）ガラスを堆積，高温にしてリンガラ

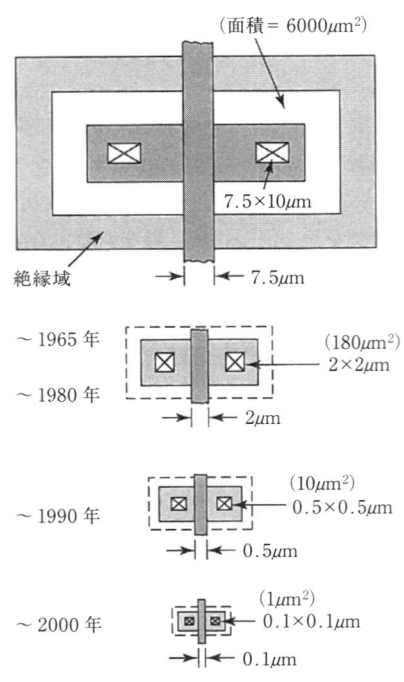

図 13.8 IC 用 MOSFET の大きさの推移[5].

スを溶かし表面をなだらかにする（図 f）．窓開けをして電極の形成（図 g）をすれば IC 用 MOSFET の完成である．図 13.9（h）は表面図であるが，チャンネルなどの動作領域より，電極や配線の領域が遙かに大きいことが分かる．

13.5 SOI-CMOS 技術

ロジック IC は現在ほとんどが 6 章，6.2.3 項の（b）で述べた CMOS（Complementary---相補型 MOSFET）で作られている．かつ CMOS のほとんどは日本人によって開発された SOI（Silicon On Insulator）技術で作られている．

Si 基板に大量の酸素をイオン注入すると，図 13.10（a）に示すように酸素イオン注入のダメージにより，表面の Si およびその下の Si と酸素の混ざった層はアモルファス（非晶質）になる．ところが不思議なことにこのウェーハを

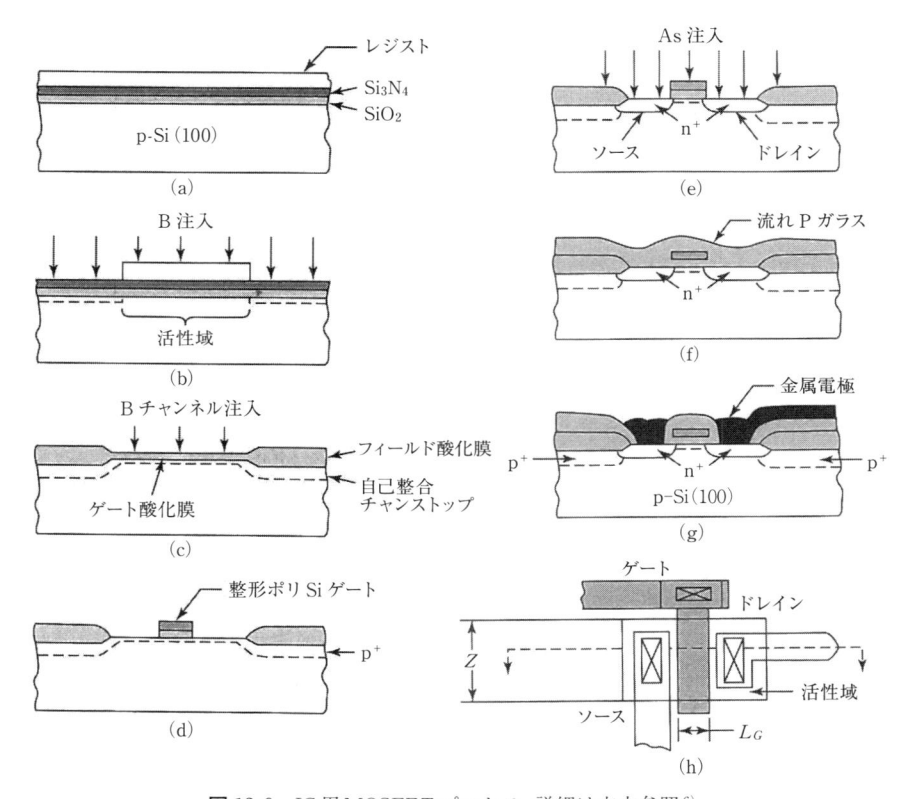

図 13.9 IC 用 MOSFET プロセス．詳細は本文参照[6]．

熱処理すると，図 13.10（b）に示すように Si 基板の内部に SiO_2 層（この層はアモルファス）ができ，その上の Si 層は，下の基板と結晶方位の揃った単結晶の Si 層になる．この Si 層の厚さは，酸素イオン注入の加速電圧によって制御できる．

この Si 層を選択イオン注入で n 形層，p 形層にし，n-チャンネル，p-チャンネルの MOSFET を作り，不要な部分をエッチングで取り除けば，図 13.10（c）に示すように完全に n-MOS，p-MOS を絶縁した，ラッチアップ現象の起こらない CMOS を作ることができる．SOI-CMOS は従来のバルク CMOS に比べて浮遊容量が小さく従って高速で，消費電力も少ない．これが現在広く使われている CMOS ロジックの基本素子である．

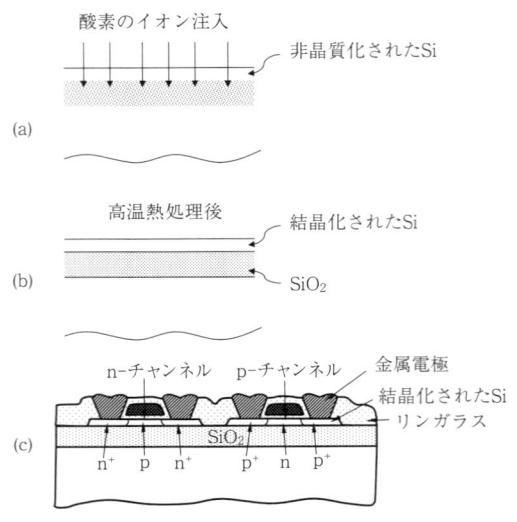

図 13.10 SOI プロセス（a, b）と SOI-CMOS（c）.

13.6 集積化の限界

　集積回路の最小線幅は年率 13%で減少し，2010 年には 50nm に迫ろうとしている．DRAM の容量は図 13.5 に示したように，3 年間で 4 倍，ロジック回路のクロック周波数は 8 年で 1 桁速くなって，最近のパソコンは 1960 年代のスーパーコンピュータ CRAY1 より速くなっている．しかしながら，この経験則の提案者自身が言っているように，この発展も限界に達しつつある．集積度に関係する幾つかの MOSFET パラメータの，チャンネル長に対する推移を図 13.11 に示す．
　この内最も深刻なのが，ゲート酸化膜である．現在既に 3nm に達しているが，これ以上薄くなると，急激にトンネル電流が増大し，絶縁膜として働かなくなる．SiO_2 の比誘電率は 3.9 であるが，比誘電率の大きな Ta_2O_5（25），TiO_2（60-100）を使えば，等価的な酸化膜厚が薄くても，実際の膜厚は厚くできるのでトンネル電流を抑えることができる．しかしながら，なかなか SiO_2 のような界面準位密度の少ない Si との界面を作ることができなくて苦労しているのが現状である．

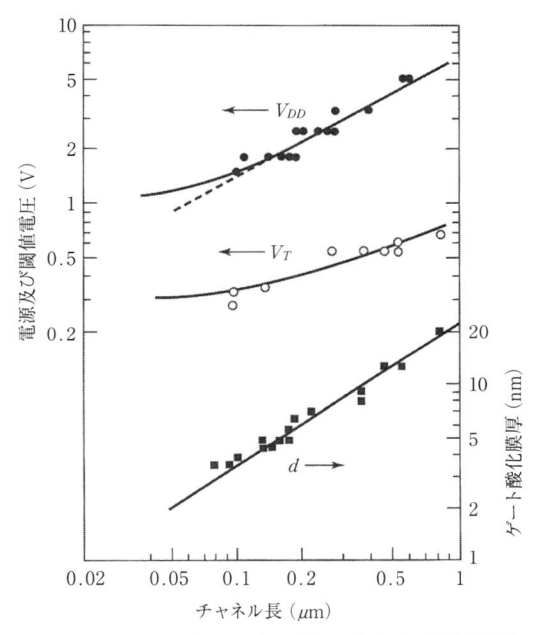

図 13.11 MOSFET のチャネル長に対する，電源電圧 V_{DD}，しきい値電圧 V_T，ゲート酸化膜厚 d [7].

もう一つの超えられない限界は電力限界である．チップ当たりの電力は次式のように表される．

$$P = \frac{1}{2} CV^2 nf \tag{13.1}$$

ここで C はゲート容量，V は動作電圧，n はチップ当たりのデバイス数，f はクロック周波数である．例えば，$C=5\times10^{-2}$fF，f＝2GHz，パッケージ当たり放熱できる電力を 10W とすると，n=10^8 個になる．既に 2000 年にマイクロプロセッサ Pentium 4 のクロック周波数が 1GHz を超え，素子数が 4.2×10^7 になっていた[1]との事であるので，チップ当たりの電力も限界に達しつつある．ただ，今までも集積回路は限界に達しつつあると言われながら，色々な工夫でそれを乗り越えてきたので，速度は遅くなっても後 10 年ぐらいは今までの延長線上の発展を遂げることを期待したい．

引用文献

1) S.M. ジィー著，南日康夫，川辺光央，長谷川文夫訳「半導体デバイス（第2版）」，産業図書，2004年，p.1，図1-1.
2) 日経マイクロデバイス，1998年11月号.
3) S.M. ジィー著，南日康夫，川辺光央，長谷川文夫訳「半導体デバイス（第2版）」，産業図書，2004年，p.441，図14-6.
4) 同上，p.442，図14-8，-9. 5) 同上，p.447，図14-14. 6) 同上，p.448，図14-16，-17. 7) 同上，p.463，図14-35.

練習問題

1) デバイスを集積化する利点を3つ挙げよ．
2) 次の略語のもとの英語を書け．
   IC，LSI，VLSI，ULSI
3) 受動素子の中で，ICに於いて最も重要なものは何か？ その理由は？
4) DRAMは（ ① ）の略で，0, 1の記憶は容量に蓄積された電荷の有無で記録する．小面積に大きな容量を作るため，（ ② ）セル構造と（ ③ ）（積み重ね）セル構造がある．
5) logic ICではCMOSが使われている理由を述べよ．
6) 容量C，動作電圧V，素子数n，クロック周波数fのICの電力はいくらになるか？

付　録

1. 元素の周期表

	1	2	3	4	5	6	7	8	9	10	11	12	13	14	15	16
	IA	IIA	IIIA	IVA	VA	VIA	VIIA	VIIIA	IB	IIB	IIIB	IVB	VB	VIB	VIIB	0
1	1 H 水素															2 He ヘリウム
2	3 Li リチウム	4 Be ベリリウム										5 B ホウ素	6 C 炭素	7 N 窒素	8 O 酸素	9 F フッ素	10 Ne ネオン
3	11 Na ナトリウム	12 Mg マグネシウム										13 Al アルミニウム	14 Si シリコン	15 P リン	16 S 硫黄	17 Cl 塩素	18 Ar アルゴン
4	19 K カリウム	20 Ca カルシウム	21 Sc スカンジウム	22 Ti チタン	23 V バナジウム	24 Cr クロム	25 Mn マンガン	26 Fe 鉄	27 Co コバルト	28 Ni ニッケル	29 Cu 銅	30 Zn 亜鉛	31 Ga ガリウム	32 Ge ゲルマニウム	33 As ヒ素	34 Se セレン	35 Br 臭素	36 Kr クリプトン
5	37 Rb ルビジウム	38 Sr ストロンチウム	39 Y イットリウム	40 Zr ジルコニウム	41 Nb ニオブ	42 Mo モリブデン	43 Tc テクネチウム	44 Ru ルテニウム	45 Rh ロジウム	46 Pd パラジウム	47 Ag 銀	48 Cd カドミウム	49 In インジウム	50 Sn スズ	51 Sb アンチモン	52 Te テルル	53 I ヨウ素	54 Xe キセノン
6	55 Cs セシウム	56 Ba バリウム	57-71 ランタノイド	72 Hf ハフニウム	73 Ta タンタル	74 W タングステン	75 Re レニウム	76 Os オスミウム	77 Ir イリジウム	78 Pt 白金	79 Au 金	80 Hg 水銀	81 Tl タリウム	82 Pb 鉛	83 Bi ビスマス	84 Po ポロニウム	85 At アスタチン	86 Rn ラドン
7	87 Fr フランシウム	88 Ra ラジウム	89-103 アクチノイド															

ランタノイド	57 La ランタン	58 Ce セリウム	59 Pr プラセオジム	60 Nd ネオジム	61 Pm プロメチウム	62 Sm サマリウム	63 Eu ユウロピウム	64 Gd ガドリニウム	65 Tb テルビウム	66 Dy ジスプロシウム	67 Ho ホルミウム	68 Er エルビウム	69 Tm ツリウム	70 Yb イッテルビウム	71 Lu ルテチウム
アクチノイド	89 Ac アクチニウム	90 Th トリウム	91 Pa プロトアクチニウム	92 U ウラン	93 Np ネプツニウム	94 Pu プルトニウム	95 Am アメリシウム	96 Cm キュリウム	97 Bk バークリウム	98 Cf カリホルニウム	99 Es アインスタイニウム	100 Fm フェルミウム	101 Md メンデレビウム	102 No ノーベリウム	103 Lr ローレンシウム

原子番号 → 14 Si ← 元素記号 / 元素名 → シリコン

1985年国際原子量（IUPAC, $^{12}C = 12$）

2. 原子の周りの電子

エネルギー準位 元素	K	L		M			N				O		
	1s	2s	2p	3s	3p	3d	4s (sharp)	4p (principle)	4d (diffuse)	4f (fundamental)	5s	5p	5d
1 H	1												
2 He	2												
3 ⓛi	2	1											
4 Be	2	2											
5 B	2	2	1										
6 C	2	2	2										
7 N	2	2	3										
8 O	2	2	4										
9 F	2	2	5										
10 Ne	2	2	6										
11 ⓝa	2	2	6	1									
12 Mg	2	2	6	2									
13 Al	2	2	6	2	1								
14 Si	2	2	6	2	2								
15 P	2	2	6	2	3								
16 S	2	2	6	2	4								
17 Cl	2	2	6	2	5								
18 Ar	2	2	6	2	6								
19 Ⓚ	2	2	6	2	6		1						
20 Ca	2	2	6	2	6		2						
21 Sc	2	2	6	2	6	1	2						
22 Ti	2	2	6	2	6	2	2						
23 V	2	2	6	2	6	3	2						
24 Cr	2	2	6	2	6	5	1						
25 Mn	2	2	6	2	6	5	2						
26 Fe	2	2	6	2	6	6	2						
27 Co	2	2	6	2	6	7	2						
28 Ni	2	2	6	2	6	8	2						
29 Cu	2	2	6	2	6	10	1						
30 Zn	2	2	6	2	6	10	2						
31 Ga	2	2	6	2	6	10	2	1					
32 Ge	2	2	6	2	6	10	2	2					
33 As	2	2	6	2	6	10	2	3					

アルカリ金属

分光学から

遷移金属

3. 単位の接頭辞*

倍数	接頭辞	記号	倍数	接頭辞	記号
10^{12}	tera（テラ）	T	10^{-1}	deci（デシ）	d
10^{9}	giga（ギガ）	G	10^{-2}	centi（センチ）	c
10^{6}	mega（メガ）	M	10^{-3}	milli（ミリ）	m
10^{3}	kilo（キロ）	k	10^{-6}	micro（マイクロ）	μ
10^{2}	hecto（ヘクト）	h	10^{-9}	nano（ナノ）	n
			10^{-12}	pico（ピコ）	p
			10^{-15}	femto（フェムト）	f

＊国際度量衡委員会が採用（$\mu\mu$のように重ねては使えない．この場合はpとする）

4. 代表的ギリシャ語アルファベット

文字	小文字	大文字	文字	小文字	大文字
Alpha（アルファ）	α	A	Nu（ニュー）	ν	N
Beta（ベータ）	β	B	Pi（パイ）	π	Π
Gamma（ガンマ）	γ	Γ	Rho（ロー）	ρ	P
Delta（デルタ）	δ	Δ	Sigma（シグマ）	σ	Σ
Epsilon（エプシロン）	ε	E	Tau（タウ）	τ	T
Eta（イータ）	η	H	Phi（ファイ）	ϕ	Φ
Theta（セータ）	θ	Θ	Chi（カイ）	χ	X
Kappa（カッパ）	χ	K	Psi（プサイ）	ψ	Ψ
Lambda（ラムダ）	λ	Λ	Omega（オメガ）	ω	Ω
Mu（ミュー）	μ	M			

5. 物理定数

量	記号	値
オングストローム	Å	$10\text{Å}=1\text{nm}=10^{-3}\mu\text{m}=10^{-7}\text{cm}=10^{-9}\text{m}$
アボガドロ数	N_{av}	6.02×10^{23}
ボルツマン定数	κ	$1.38\times 10^{-23}\text{J/K}(R/N_{av})$
素電荷	q	$1.6\times 10^{-19}\text{C}$
静止電子質量	m_0	$0.9\times 10^{-30}\text{kg}$
エレクトロンボルト	eV	$1\text{eV}=1.6\times 10^{-19}\text{J}=23\text{kcal/mol}$
気体定数	R	$2\text{cal/mol}\cdot\text{K}$
真空の透磁率	μ_0	$1.25\times 10^{-8}\text{H/cm}(4\pi\times 10^{-9})$
真空の誘電率	ε_0	$8.85\times 10^{-14}\text{F/cm}(1/\mu_0 c^2)$
プランク定数	h	$6.6\times 10^{-34}\text{J}\cdot\text{s}$
真空中の光速度	c	$3\times 10^{10}\text{cm/s}$
標準大気圧	atm	$1.013\times 10^5\text{Pa}$
300Kの熱電圧	$\kappa T/q$	0.026V
1eV光子の波長	λ	$1.24\mu\text{m}$

6. 主要元素半導体および化合物半導体の 300K における特性

半導体		格子定数 (Å)	バンドギャップ (eV)	バンド[a]	移動度[b] (cm²/V·s)		比誘電率
					μ_n	μ_p	
元素半導体	Ge	5.65	0.66	I	3900	1800	16.2
	Si	5.43	1.12	I	1450	505	11.9
IV-IV	SiC	3.08	2.86	I	300	40	9.66
III-V	AlN	3.11	6.2	D	?	?	9.14
	GaAs	5.65	1.42	D	9200	320	12.4
	GaP	5.45	2.27	I	160	135	11.1
	GaN	3.19	3.4	D	700	?	12
	InAs	6.05	0.35	D	33000	450	15.1
	InP	5.86	1.34	D	5900	150	12.6
	InN	3.53	0.6	D	?	?	?
II-VI	CdS	5.83	2.42	D	340	50	5.4
	CdTe	6.48	1.56	D	1050	100	10.2
	ZuO	4.58	3.35	D	200	180	9.0
	ZnS	5.42	3.68	D	180	10	8.9

a I：間接遷移型半導体，D：直接遷移型半導体
b ドリフト移動度，現在得られるものの最高値

7. 300K における Si および GaAs の特性

特性	Si	GaAs
原子密度 (Atoms/cm³)	5.02×10^{22}	4.42×10^{22}
降伏電界 (V/cm)	$\sim 3 \times 10^5$	$\sim 4 \times 10^5$
結晶構造	ダイアモンド	閃亜鉛鉱
密度 (g/cm³)	2.329	5.317
誘電率	11.9	12.4
伝導帯の有効状態密度 N_C(cm⁻³)	2.86×10^{19}	4.7×10^{17}
価電子帯の有効状態密度 N_V(cm⁻³)	2.66×10^{19}	7.0×10^{18}
有効質量		
電子 (m_n/m_0)	0.26	0.063
正孔 (m_p/m_0)	0.69	0.57
電子親和力 χ (V)	4.05	4.07
エネルギーギャップ (eV)	1.12	1.42
屈折率	3.42	3.3
格子定数 (Å)	5.43	5.65
線膨張係数 $\Delta L/L \times T$(℃⁻¹)	2.59×10^{-6}	5.75×10^{-6}
融点 (℃)	1412	1240
移動度 (cm²/V·s)		
μ_n (電子)	1450	9200
μ_h (正孔)	505	320
熱伝導率 (W/cm·K)	1.31	0.46

索　引

A

accumulation　78
AD 変換　6
AlInGaP　195
$Al_xIn_yGa_{1-x-y}P$　175
AM（Air Mass）　203

B

BD（Blu-ray Disc）　134, 135
binary digit　121
bi-polar　59
buried channel　111
Byte　121

C

CCD（Charge Coupled Device）　107
CCD イメージ・センサ　113
CD（Compact Disc）　134, 135
channel　90
CMOS（Complementary MOSFET）　98, 218
CMOS イメージ・センサ　116
common base configuration　65
common emitter configuration　66
CRT（Cathode Ray Tube）　144, 145
CVD（Chemical Vapor Deposition）　101, 217

D

DA 変換　6
dB　181
Deep Depletion　107
depletion　78

DRAM（Dynamic Random Access Memory）　123
DVD（Digital Versatile Disc）　134, 135

E

EEPROM（Electrically Erasable-Programmable Read Only Memory）　126
EL（Electro Luminescence）　144, 145
emitter　59
eV　14

F

FED（Field Emission Display）　144, 145
FET 負荷　99
Flash Memory　126
Floating Gate　126
Fowler-Nordheim Tunneling　128

G

GaN/InGaN/GaN　196
GMR（Giant Magnet Resistance）　133

H

HBT（Hetero-junction Bipolar Transistor）　183, 184
HDD（Hard Disc Drive）　132
HEMT（High Electron Mobility Transistor）　179, 186
Hz　180

I

IC カード　129

intrinsic 層　202
inversion　80
ITO（Indium Tin Oxide）　151, 164

L

land & groove　135
LCD（Liquid Crystal Display）　144, 150
LD（Laser Diode）　198
LED（Light Emitting Diode）　144, 145

M

Mask ROM　126
MODFET（Modulation Doped Field Effect Transistor）　179, 185, 186
modulation doping　185
MOSFET（Metal Oxide Semiconductor Field Effect Transistor）　7, 75
MOS ダイオード　75, 109
MQW（Multiple Quantum Well）　177, 195, 201

N

NAND 型　129
NOR 型　129
n 形半導体　21, 23

P

PDP（Plasma Display Panel）　144, 145, 158
p 形半導体　21, 24

Q

QW（Quantum Well）　175

R

RGB　114
ROM（Read Only Memory）　126

S

SD card　129
SN（信号 / 雑音）比　118
SOI（Silicon On Insulator）　100, 218
sp 混成軌道　14
SRAM（Static Random Access Memory）　124
STN（Super Twisted Nematic）　155
System On Chip　118

T

TFT（Thin Film Transistor）　101, 156
Threshold Voltage　84
TMR（Tunnel Magnet Resistance）　133
TN（Twisted Nematic）　155

U

uni-polar　59
USB　129

V

VTR（Video Tape Recorder）　132

あ 行

アイソエレクトロニックトラップ　196
アインシュタインの関係式　37
赤色 LED　195
アクセプタ　24
アクティブマトリックス駆動　156
アクティブロード　98
アナログ　5
アモルファス　101, 137, 218
アルカリ金属　12, 19
暗電流　118

イオン結合　170
イオン注入　217
維持パルス　160
移動度　33, 162
インバータ　98
インピーダンス整合　183

索　引

ウェル　109
埋め込みチャンネル　111
運動量　15

液晶　150, 152
液晶ディスプレイ　144, 150
エミッタ　8, 59
エミッタ効率　63
エミッタ接地　66
エミッタ接地電流利得　67
エレクトロルミネッセンス　145

か　行

外因性半導体　24
外因性領域　29
開口数　135
界面準位　111
界面準位密度　220
化学気相堆積法　101, 217
可干渉性　193
書き込みパルス電圧　160
拡散係数　36, 53
拡散電位　44
拡散電流　36
拡散長　54
拡散方程式　61
隔壁　158
核融合　203
化合物半導体　169
可視光領域　191
価電子結合　22
価電子帯　14
壁電圧　160
カラーフィルタ　151
間接遷移型　19, 174
乾燥酸化　217
感度　118

希ガス　12
揮発性メモリ　121

擬フェルミ準位　52
逆方向飽和電流　55
吸収　192
吸収係数　194
行デコーダ　122
共有結合　22
許容帯　14
記録密度　135
禁制帯　14, 20
金属・酸化物・半導体
　　電界効果トランジスタ　7
空間電荷　44
空乏　78
空乏層幅　47
空乏層容量　47, 48
空乏層領域　44
グラジュアルチャンネル　95
クロストーク　136
クロック周波数　100, 214
グロー放電　159

蛍光　147
蛍光体　145
軽量化　212
欠陥準位　175
ゲート　8
ゲート酸化膜　217
ゲート幅　90

光子　191
格子振動　21, 26
格子整合　175
格子定数　170
高信頼化　212
光速　114
高電子移動度トランジスタ　179, 186
光電変換　114
高分子材料　163
小型化　212

コヒーレント　193, 198
コレクタ　8, 60
混晶半導体　173
混色　118
コンダクタンス　96
コンデンサ　48

さ　行

再結合　60
最大発振周波数　72, 183
3元混晶半導体　174

紫外光　191
視感度曲線　194
しきい値電圧　80, 84, 85
しきい値電流密度　199
磁気記録　130
磁気抵抗　131
色度図　143
磁気ヘッド　133
仕事関数　43, 76
自然放出　192
実効（有効）状態密度　27
実効リチャードソン定数　56
しゃ断周波数　69, 70, 97, 187
シャドウマスク　145, 149
集積回路　211
集積度　214
出力特性　66, 94, 97
小信号　68
少数キャリア　37, 50, 59, 60
少数キャリアの注入　42
少数キャリアの蓄積　56
障壁　50
ショットキー障壁　50
ショットキー接合　44, 50
ショットキー・バリア・ダイオード　44, 50
真性キャリア密度　27
真性半導体　19, 21, 22
真性領域　29

信頼性　213
スタック型　124
スタティック　125
ストライプ構造　72, 201
スミア　118
スメクティック液晶　152

正孔　12, 17, 21, 24
正孔輸送層　161
生成・再結合　108
赤外光　191
絶縁物　19, 21
接合容量　48
せん亜鉛鉱（zincblende）構造　17
遷移金属　19

相関二重サンプリング回路　116
相互コンダクタンス　96
走査線　112
相変化型　138
相補型 MOSFET　218
ソース　8

た　行

ダイアモンド構造　17
ダイナミック　124
太陽光　203
太陽電池　203
多結晶 Si　110
多重量子井戸　177, 195, 201
多数キャリア　37
ダブルヘテロ　201
ダングリングボンド　175
タンデム型　206

蓄積　78
チャンネル　90
チャンネルストップ層　217
チャンネル長　90

索　引

直接遷移型　19, 172

追記型光ディスク　137
強い反転　80, 84

抵抗負荷　98
抵抗率　35
定在波　16, 200
低雑音増幅器　187
低分子材料　163
デジタル　5
デシベル　181
テープレコーダ　131
電界放出ディスプレイ　145
電荷結合デバイス　107
電荷の検出　115
電荷の蓄積　115
電荷の転送　115
電気双極子　44
電気伝導率　35
電子　12
電子移動度　173
電子雲　152
電子銃　145
電子親和力　43, 76, 175
電子・正孔対　204
電子の寿命　53
電子輸送層　161
転送効率　110
伝達コンダクタンス　96
伝達抵抗　7
伝達特性　95, 96, 97
伝導帯　14
伝導度　35
電導率　35
電流増幅率　66, 67

透過　193
凍結領域　30
同軸ケーブル　181, 182

導電率　35
透明導電性薄膜　151
特性インピーダンス　181
ドナー　24
塗布法　163
トラック　135
トラップ　111, 196
トランジスタ　7
トリニトロン方式　149
ドリフト　33
ドリフト移動度　34
ドリフト速度　34
ドレイン　8
トレンチ型　124
トンネル効果　128
トンネル電流　220

な　行

内蔵電位　44

二次元電子ガス　186

熱運動　33
熱運動のエネルギー　25
熱平衡状態　43, 108
ネマティック液晶　152

能動負荷　215

は　行

バイト　121
ハイブリッド IC　215
バイポーラ　59
バイポーラ・トランジスタ　6
配向膜　152
白色 LED　158, 197
薄膜トランジスタ　101
波数　16
バックライト　157
発光ダイオード　145, 194

バッチ処理　212
反射率　137
反転　80
反転状態　192
反転分布　201
バンドギャップ　14, 20, 170

光アイソレータ　198
光検出器　202
光ディスク　134
光の三原色　114, 143
光の振動数　114
光ファイバー通信　201
非晶質　101, 137, 218
ヒステレシス　130
ビット　121
ビット線　122
比抵抗　35
非熱平衡状態　107
ピンチオフ　91

ファウラー・ノードハイム・トンネリング
　　　128
ファブリ・ペロ共振器　200
フィールド酸化膜　217
フィルファクタ　208
フェルミ準位　25
フェルミ・ディラックの分布関数　25
フォトカプラ　198
フォトダイオード　202
フォトリゾグラフィ　110
フォトン　191
深い空乏状態　107
不揮発性メモリ　121, 126
複屈折　154
浮遊ゲート　126
ブラウン管　144, 145
プラズマCVD　101
プラズマディスプレイパネル　145
フラッシュメモリ　126, 129

フラットバンド　84
フラットバンド状態　88, 89
フラットバンド電圧　89
プランクの定数　114
フリップフロップ回路　124
ブロック　129
分子量　170
分配器　182
分布定数回路　181

平均緩和時間　34
平均自由行程　33
ヘキサゴナル　196
ベース　8, 60
ベース接地　65
ベース接地電流利得　66
ベース抵抗　72
ベース到達率　64
ヘテロ接合　175
ヘテロ接合バイポーラ・トランジスタ
　　　183
ヘルツ　180
変換効率　206, 208
偏光　153
偏向系　145, 146
偏光板　151
変調ドーピング　185
変調ドープFET　185

ポアソンの方程式　45
放電　158
飽和領域　29
ホッピング　162
ポリSi　110
ホール　17, 21
ボルツマンの定数　25
ホール電圧　36

ま　行

マイクロ波　179

マックスウェル・ボルツマンの統計　26

ミリ波帯　180

ムーアの法則　214

や　行

有効質量　34
融点　170
誘導放出　193
ユニポーラ　59

容量　48, 86, 123
弱い反転　80, 84
4元混晶半導体　175
4端子網回路　65

ら　行

ラジカルアニオン　161
ラジカルカチオン　164
ラッチアップ　100

理想定数　56
リソグラフィ　212
リフレッシュ　124
量子井戸　175
量子効率　202
りん光　147

ルミネッセンス　147

励起子　162
レーザ・ダイオード　198
レーザ発振　199
列デコーダ　122
連続の式　39

六方晶　196
ローレンツ力　36

わ　行

ワード線　122

〈著者略歴〉

長谷川文夫（はせがわ・ふみお）

- 1963 年　東北大学工学部電子工学科卒業
- 1965 年　東北大学大学院工学研究科電子工学専攻修士課程修了
  　　　　日本電気（株）中央研究所入社
- 1973 年　工学博士（東北大学）
  　　　　英国シェッフィールド大学研究員
- 1978 年　日本電気（株）中央研究所電子デバイス研究部研究課長
- 1981 年　筑波大学物質工学系助教授
- 1988 年　筑波大学物質工学系（後に物理工学系）教授
- 2004 年　工学院大学電子工学科教授
- 現　在　筑波大学名誉教授

本田　徹（ほんだ・とおる）

- 1988 年　東京理科大学理工学部物理学科卒業
- 1993 年　東京工業大学総合理工学研究科物理情報工学専攻博士課程修了，博士（工学）
  　　　　東京工業大学精密工学研究所助手
- 1996 年　工学院大学工学部電子工学科専任講師
- 2000 年　工学院大学工学部電子工学科助教授
- 2006 年　工学院大学工学部情報通信工学科教授
- 現　在　工学院大学先進工学部長
  　　　　同　応用物理学科教授

電子デバイスの基礎と応用

2011 年 9 月 20 日　初　版
2017 年 8 月 25 日　第 4 刷

著　者　長谷川文夫
　　　　本田　徹
発行者　飯塚尚彦
発行所　産業図書株式会社
　　　　〒102-0072 東京都千代田区飯田橋 2-11-3
　　　　電話　03(3261)7821（代）
　　　　FAX　03(3239)2178
　　　　http://www.san-to.co.jp
装　幀　菅　雅彦

印刷・製本　平河工業社

© Fumio Hasegawa　2011
　Tohru Honda
ISBN978-4-7828-5555-3 C3055